La Radioafición ¡Mola!

2º Edición ampliada y corregida

Dani Manchado, EB1AG/W7NDN

ISBN 13: 978-1979950626
ISBN 10: 1979950628

Portada El Autor

A mis colegas Chuso y Mick.
Sin ellos Tesla solamente
sería un apellido croata.

Índice de Contenidos

1

¿Quién soy?

¡Hola! Me llamo Hertzy, y ¿sabes por qué? Cuando era pequeño mi madre se empeñó en peinarme el pelo con ondas... y bueno, al final la gente comenzó a llamarme así, ya que las ondas de mi cabello se parecen muchísimo a las que describió un físico que se apellidaba *Hertz*.

Ahora que ya sabéis quien soy, os contaré por lo que me he decidido a escribir este libro, ya que igual os suena un poco raro esto de la radioafición... pero para nada. La radioafición es un hobby, una afición, con la que muchísima gente alrededor del mundo pasa su tiempo divirtiéndose.

Quizás habrás escuchado lo que cuentan algunos... *que si la radio es cosa del pasado, que ya no hay nadie en las ondas*... ¡Nah! Cuentos de gente que no saben que nuestra afición está más viva que nunca.

Y lo está por que las nuevas tecnologías nos acercan mucho más. Ahora podemos compartir por Internet los comunicados que hacemos, tenemos nuestras propias redes sociales, enseñamos nuestros diseños, nuestros equipos... Lo que se hace en pleno siglo XXI.

¿Quieres que comencemos? ¡Adelante!

2

¿Qué es la radioafición?

Más o menos ya os lo había contado hace unas líneas, pero quiero hacerlo un poquito mejor.

Simplemente es una afición en la que nos entretenemos con la radio... pero con ella podemos hacer muchísimas cosas, como por ejemplo:

- Hablar por una emisora de radio (Nosotros lo llamamos *transceptor*)
- Escuchar las conversaciones de otros radioaficionados. (A estos radioaficionados los llamamos *Radioescuchas de Onda Corta*, que por sus siglas en inglés, decimos que son SWL, *Short Wave Listener*).
- Compartimos conexiones a internet mediante nuestros equipos.
- Compartimos nuestras posiciones mediante un GPS (Como lo que llevan los coches) y una emisora. Se llama APRS.
- Diseñamos y montamos emisoras. Bien las podemos inventar nosotros, o montarlas en Kit cuando lo hacen otros.
- Fabricamos nuestras propias antenas. Aunque bueno, si no te quieres complicar demasiado la vida, también se pueden comprar.
- Nos enviamos tarjetas postales y las coleccionamos... Luego os explico con más detalle esto de las tarjetas...
- Podemos tener nuestra especie de canal de televisión...
- Y otras cosas (Muchas) que podemos hacer con nuestra imaginación y nuestras manos.

¿Qué te parece? Te suena a que esto sean cosas que ya no se hacen... ¡Claro que no!

3

Nuestras amigas las ondas

Os he hablado de la radio... pero primero necesitamos saber cómo funcionan.

Imaginaos un estanque de agua. El agua está tranquila, reposada... pero de repente llegamos a la orilla y cogemos una piedra del suelo y la lanzamos con mucha fuerza al centro del agua ¿Qué ocurre?

Pues que el agua comienza a moverse haciendo unas ondas que salen del punto en el que cayó la piedra.

Las ondas de radio, o como también se dice, *Ondas Electromagnéticas*, funcionan de una manera muy parecida. En vez de una piedra tenemos una antena, y en vez de la fuerza de nuestro brazo para lanzarla, tenemos una emisora.

¿Te fijas que las ondas son más grandes cuando están más cerca del sitio en el que cayó la piedra? Pues sí, ya que según se alejan, más débiles se vuelven. Pasa exactamente lo mismo con las ondas de radio, ya que cuanto más cerca de la antena están, más fuertes son.

¿Y qué si lanzamos con más potencia la piedra, las ondas también son más fuertes, más altas? ¿A qué ya vas adivinando cosas? Pues las ondas de la radio también son más fuertes dependiendo de la Potencia de nuestra emisora.

Hombre… No vamos a llegar a cualquier parte del mundo solamente con potencia. Tiene que ver muchísimo nuestra antena, pero también otras cosas que se llaman *Condiciones de Propagación*.

Las vamos a ver en nada, no te preocupes. Lo siguiente que veamos es lo que llamamos *Estación de Radio*, que es un montón de trastos y aparatos que tenemos en nuestra casa, en el coche… o en la palma de nuestra mano.

4

La estación de Radio

Ya os había adelantado de que se trataba de un montón de trastos... aunque bueno, simplemente necesitan ser tres. Todo lo que añadas después será para mejorar nuestra experiencia en la radio.

Los equipos mínimos que necesitamos son tres, tal como ya os había dicho, y son:

- Algo que nos de electricidad.
- Un Transceptor o un Receptor.
- Una antena

¿Qué por qué pongo que un Transceptor **o** un Receptor? Luego veremos que las dos clases de radioaficionado más habituales emplean el primero para hablar y escuchar, y el segundo solamente para escuchar.

Bueno, que me voy por los cerros de Úbeda... Lo primero que hay que tener es algo que nos de un tipo de electricidad llamada *Corriente Continua*, ya que es la que normalmente emplean nuestros equipos, aunque los hay que se conectan directamente al mismo enchufe en el que cargamos el móvil. Estos equipos usan una electricidad que se llama *Corriente Alterna*.

El caso, esa Corriente Continua normalmente es la que pone 13,8 V, que podemos decir que es la *altura* de la electricidad... no vamos a meternos con ello, pero sabed que la "V" se refiere a *Voltios*.

¿Y de dónde sacamos esos 13,8 voltios de corriente continua (Vcc)? Pues de varios sitios, como por ejemplo de la batería de un coche, ya que son los mismos voltios y el mismo tipo de corriente.

Ahora fijaos más en la batería... ¿veis que tienen dos conectores metálicos?

Se llaman *Polos*, y el primero es el *Positivo*, que siempre lleva algo de color rojo y un signo de sumar (+), y el segundo es el *Negativo*, que lleva algo negro por ahí y un signo de restar (-).

Pues nuestros equipos también tienen dos cables de colores negro y rojo, y esos cables tienen que ser conectados cada uno con el color de la batería.

> **ATENCIÓN**: Si conectamos al revés los cables podremos estropear completamente nuestros equipos.

Pero también tenemos más aparatos que nos den esos ansiados 13,8 Vcc, como por ejemplo, una Fuente de Alimentación.

¿Y da de comer a los pájaros? No... claro que no. Simplemente convierte esa corriente alterna de los enchufes de casa que tiene 220 voltios, a la electricidad de usan las emisoras y receptores.

Fíjate que las fuentes de alimentación también tienen dos *agujeros* que están marcados de color negro y rojo. Bueno, pues realmente se llaman *Conectores* y tienen la misma función que los polos de las baterías: El rojo es positivo, y el negro negativo.

Ahora que ya sabemos de dónde sacamos la electricidad, vamos a ver algún aparato al que conectar esos cables, por ejemplo, una emisora de CB, o Banda Ciudadana.

Antes de seguir quiero comentaros una cosilla, y es que las emisoras de CB no requieren de ninguna licencia ni examen para operarlas. Veremos más adelante esto de la Banda Ciudadana.

Verás que detrás de cualquier emisora, existen al menos los cables de color rojo y negro, y otro que suele ser redondo con una rosca alrededor. Este último es al que conectaremos la antena.

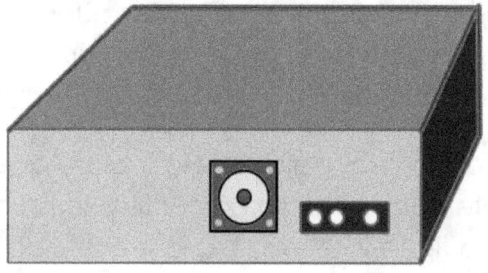

La última imagen de la página anterior nos muestra la parte trasera de una emisora típica de Banda Ciudadana.

Verás que en vez de salir de ella los cables rojo y negro, tiene un conector con tres pines (Como pinchitos metálicos), pero que además uno está más separado de los otros dos. Bien, pues esto se hace para que cuando conectemos los cables desde la fuente de alimentación no nos equivoquemos, que el rojo siempre vaya a positivo, y el negro a negativo.

Bien, bien… ¿Te va gustando esto de la radio?

Ya por último, la última parte de la estación es la antena, y ojo, no vale cualquiera, pues necesita ser una específica para el tipo de emisora que vayamos a usar.

Pero también veremos que dentro de las antenas que sirven para nuestra emisora, también hay distintos tipos:

- La Antena de Base: Que es la que está en el tejado de nuestro edificio. Suelen ser grandes, ya que allí no estorban.
- La Antena de Móvil: Y no de teléfono.. Es la antena que podremos poner encima del techo de un coche.
- La Antena Balconera: O de ventana, ya que podremos instalarla en una de nuestras ventanas de casa sin necesidad de complejas obras.

De estas últimas, hay mucha gente que compra una móvil y la adapta para ponerla en la ventana.

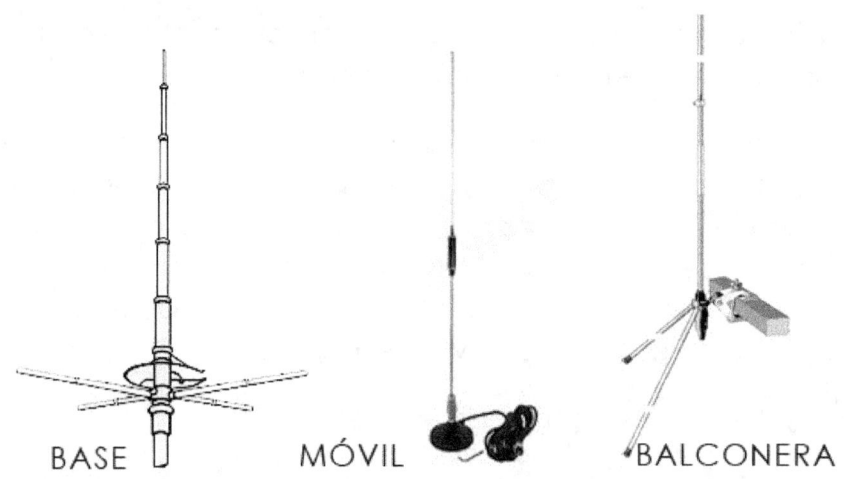

BASE   MÓVIL   BALCONERA

En la fotografía vemos antenas de Banda Ciudadana, ya que son las más sencillas. Pero cuando tenemos estaciones de radio más complejas, las antenas son diferentes.

En la fotografía del medio, vemos que la antena tiene un *pegote* negro en la parte inferior, este pegote es un imán para que la antena quede fija en el techo del coche.

Ahora ya conocernos las tres partes necesarias que necesita una estación de radio: Alimentación, emisora y antena.

¿Vemos cómo se conectan? Veréis que es muy sencillo.

A parte de los cables rojo y negro que unen la fuente de alimentación con la emisora, necesitamos un cable especial para la antena. Se llama cable *Coaxial*, y suele ser más gordo que el resto. Los conectores que se usan habitualmente se llaman *PL259* y se enroscan, tanto en la emisora como en la antena (Llamamos conector *Hembra* al que tiene un orificio, y *Macho* al que tiene una punta metálica en el centro).

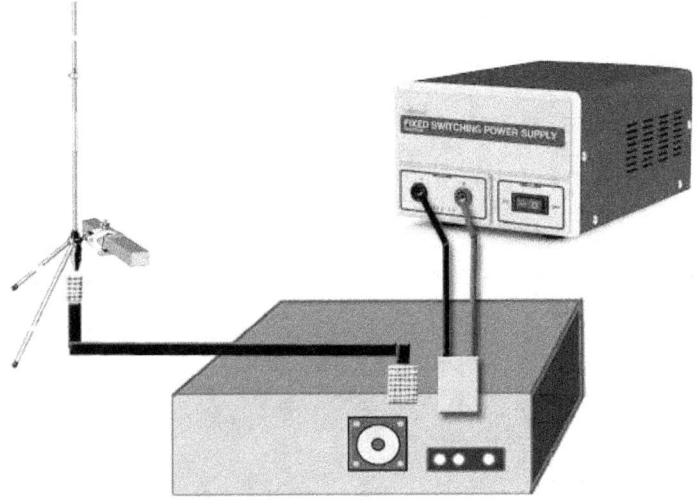

Pues fijándonos en esta última fotografía, ya tendríamos nuestra estación de Banda Ciudadana lista para operar.

Esto es una estación de radio muy sencilla ¿Os imagináis montar una fotografía con sus cables y conectores en una que tenga muchos aparatos? ¡Menudo lío! Entonces lo que hacemos es *dibujar* la estación, y a estos dibujos los llamamos *Diagramas*.

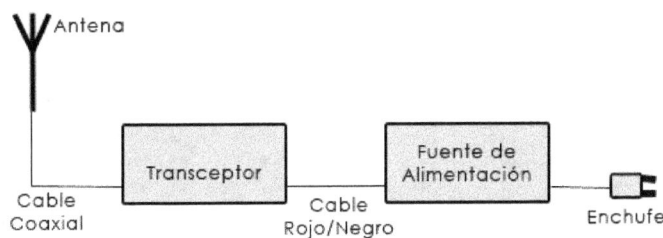

Vemos que a cada aparato le corresponde un dibujo. Para la antena se emplea uno que es algo así como un tenedor, pero raro… Para la emisora (El transceptor) y la fuente de alimentación, rectángulos, y por último, para los cables, rayas. Verás que no se ponen ni colores ni nada de eso, ya que sabemos que entre la antena y el transceptor siempre ha de ir cable coaxial, y entre este y la fuente, cable de colores rojo y negro.

Pero… ¿Hablar por la emisora de radio es igual que hablar con nuestros amigos?

Casi. Pero deberemos de saber unas cosillas antes, y la primera de ellas es tener un *nombre de guerra*, el nombre con el que nos conocerá el resto del mundo: Nuestro *Indicativo*.

5

El indicativo

Aunque el nombre correcto es *Distintivo de Llamada*.

Vamos a partir de que existen cuatro tipos de indicativos según el tipo de radioafición que estemos usando en ese momento.

El Nick

El primeo es el más divertido, pues lo elegimos nosotros y es algo así como un Nick, como un mote. Lo usamos para nuestras conversaciones en CB cuando hablamos con nuestros amigos. Algunos ejemplos pueden ser Papito, Trueno Verde, Zeus… este lo eliges tú, y además puede ser el que quieras.

El Indicativo de CB

El segundo, y sin salirnos de la CB, es el que nos da un radioclub o asociación. Se compone de tres partes:

DDCCCnnn

La parte de las "DD" corresponden con un número que identifica el origen del radioaficionado. Este origen se llama División, y es un código que se corresponde con un país, unas islas, una colonia… Al final del libro os pongo la lista completa de divisiones.

Como nota, en España existen cuatro divisiones:

- 30 – Península Ibérica
- 34 – Islas Canarias
- 49 – Islas Baleares
- 106- Ceuta y Melilla

Luego vienen las "CCC", que son unas letras que identifican a nuestro club o asociación. Por ejemplo, los socios del *Hertzy Klan*, siempre llevan "HK", que son las siglas del club.

Y por último, las "nnn". Esta parte vuelve a ser un número, y será el que nos de el club para nosotros. Dentro de la misma asociación no podrán existir dos números iguales.

Unos ejemplos de indicativo de CB pueden ser:

- 34HK008. Alguien que vive en las Islas Canarias y que pertenece a la asociación *La Iniciativa*.
- 30LI276. Alguien que vive en la Península Ibérica y que también pertenece a *La Iniciativa*.

El indicativo de Radioescucha

Este es el último de los indicativos que nos dará una asociación o club, y es el que nos servirá para enviar informes de recepción a otros radioaficionados que escuchemos (De lo que hablábamos antes de los radioescuhas: SWL)

Más adelante hablaremos sobre la radioescucha, pero ahora quedémonos con que también se emplea un distintivo.

Se compone de las siguientes partes:

EEnnnCC

Las "EE" se refieren a una entidad, que viene a ser lo mismo que una división en CB, con la diferencia que las divisiones se las inventaron los radioaficionados, y las entidades dependen de cada gobierno del país, y a su vez, de lo que dice la ITU, que es algo así como la organización internacional que regula las comunicaciones (ITU=International Telecommunications Union).

En España existen cuatro entidades:

- EA para la Península Ibérica.
- EA6 para las Islas Baleares.
- EA8 para las Islas Canarias.

- EA9 para Ceuta y Melilla.

Al igual que con las divisiones, al final está la tabla completa de entidades.

Luego vienen las "nnn", y que del mismo modo que antes, corresponden a un número que no dará nuestra asociación o club.

Y por último, las "CC" son las siglas de ese club o asociación.

Unos ejemplos de distintivos de radioescucha son:

- EA9004LI: Alguien de Ceuta o Melilla que pertenece a La Iniciativa.
- EA002LI: Alguien de la Península Ibérica que también pertenece a *La Iniciativa*.

El Operador con Licencia

Los indicativos que vimos hasta ahora, o bien lo elegíamos nosotros, o nos los daba una asociación. En este caso será la administración del gobierno el que nos lo de.

Los otros distintivos nos permitían usar nada más una banda (Ya veremos qué es eso de las bandas), la ciudadana, o bien solamente nos permitía escuchar. Pero con este ya podremos emplearlo en cualquier banda que esté asignada a los radioaficionados.

¿Y voy a la administración y me lo dan? Uhm... En este caso no es así, pues primero has de pasar un sencillo examen en el que te preguntarán algunos conceptos sobre electrónica y sobre la normativa de la radioafición.

 **Pero no te asustes.**
El examen en sencillísimo, y con lo que aprendas en este libro, y quizás un poquito más, ya podrás aprobar el examen.

Ahora bien, una vez que se apruebe el examen, ya puedes ir a la SETSI (Que es la administración que regula las telecomunicaciones en España, y que significa *Secretaría de las Telecomunicaciones y la Sociedad de la Información*... lo que toda la vida llamamos *Teleco*) y pedir el distintivo de llamada.

¿Y cómo será? Pues al igual que los otros indicativos, este se compone de tres partes:

PPDSSS

La "PP" corresponden a un país (Aquí ya no hay ni entidades ni divisiones), por ejemplo, a España le corresponden:

- EA, EB y EC Para indicativos normales.
- ED, EE y EF para concursos y demostraciones.
- EG y EH para eventos especiales a nivel provincial o autonómico.
- AM, AN y AO para eventos especiales a nivel nacional o internacional.

Luego viene la "D", que es un número que se corresponde con una zona del país (Hay sitios en el que simplemente es un número aleatorio). Es España hay nueve distritos dependiendo de la provincia en la que vivas.

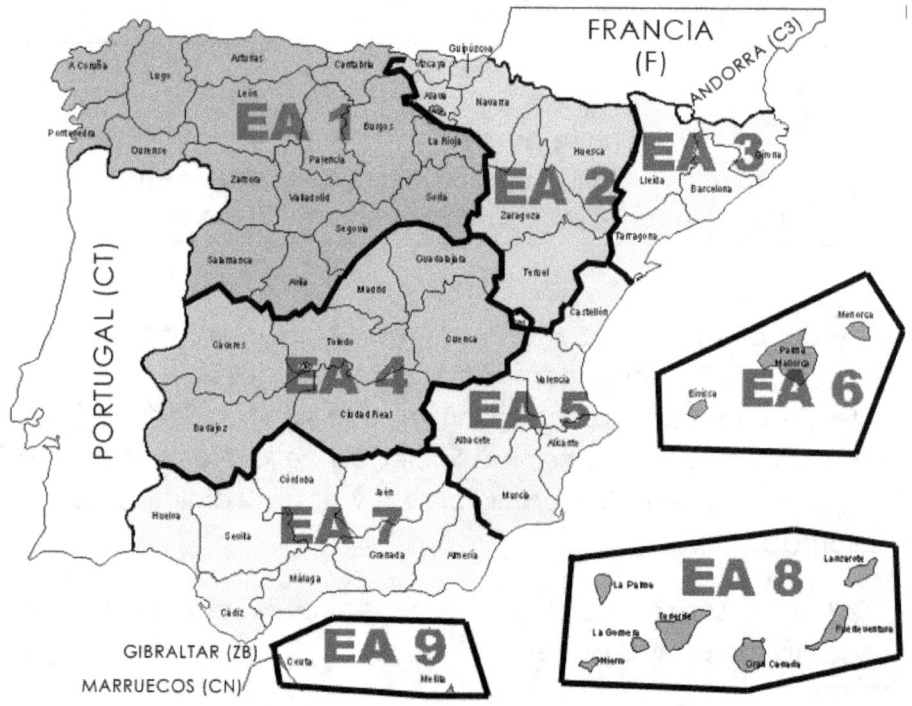

Por ejemplo, si vives en Alcalá de Henares, que está en la provincia de Madrid, tu distrito es el 4.

Además, fíjate que he añadido los códigos de los países que tenemos en el entorno, por ejemplo Portugal, que es CT, y Gibraltar, que pese a pertenecer al Reino Unido, tiene código propio, el ZB.

Y por último, el sufijo, que es la que identifica a un radioaficionado en concreto. Son tres o dos letras y las va asignando la SETSI según se vaya otorgando indicativos.

En el caso de concursos (Esos prefijos que empezaban por ED, EE o EF), también podremos pedir que nos asignen un sufijo de una sola letra, por ejemplo, un distintivo especial para concursos puede ser: ED1G… ¿Ves que cortito?

¿Dónde pido algún indicativo?

Los indicativos pueden conseguirse de dos formas:

- Los de CB y SWL haciéndoos socios de alguna asociación o radioclub.
- Los de Operador Licenciado, presentándoos primero a un sencillo examen sobre electrónica y normativa, y después, una vez aprobado (Vale con la mitad de las preguntas bien en cada apartado, vamos, sacar dos cincos) abonando unas tasas para que te asignen tu distintivo de radioaficionado.

Sobre los de CB y SWL son indicativos no oficiales, esto quiere decir que no los asigna el gobierno. Vamos a ver qué asociaciones nos lo podrán asignar:

- Uno de los mayores radioclubes de CB que más ha crecido en los últimos años es LOM (*Lima Oscar Mike, de Libertad de Ondas Mieres*), ya que pertenecer a ellos es gratuito. La pega viene que si quieres confirmar los comunicados realizados con el indicativo que te asignen, deberás de hacerlo con sus tarjetas QSL, o bien diseñar una y que cuadre con su normativa.
- Para conseguir uno de radioescucha, puedes dirigirte a *La Iniciativa*.
- La URE (Unión de Radioaficionados Españoles) también ofrece un distintivo SWL a los socios simpatizantes que no dispongan de distintivo de radioaficionado (Licenciado), y que con una pequeña cuota anual, además tendrás acceso al Bureau (En nada vemos que es eso) de la IARU (Lo mismo, enseguida sabremos que es).

Seguro que si buscas por tu zona habrá algún club o asociación a la que puedas afiliarte con una pequeña cuota anual, o incluso, si buscas mucho, hasta gratis.

Luego ya podrás presumir de tener un carnet de radioaficionado...

Resumiendo

Tipo	Uso	Formato
Nick	Para estar de *cháchara* entre amigos	Una palabra...
CB	Para operar una estación de Banda Ciudadana	DDCCCnnn
SWL	Para enviar informes de recepción	EEnnnCCC
Licenciado	Para operar una estación de radioaficionado	PPdSSS

Formatos:

DD = División
EE = Entidad
PP = País
CCC = Siglas de Club o Asociación
nnn = Número de Socio
d = Distrito
SSS = Sufijo asignado por Teleco

Como ya tenemos indicativos.

Lo siguiente será aprender a manejar una emisora de radio...

6

Manejo de la estación de CB

Bien... Pues ya que tenemos nuestro distintivo de CB, antes de comenzar a hablar, deberemos de conocer los botones y ruedas que tienen las emisoras.

Lo primero es buscar uno que ponga ON... (*Onde se enciende, jajaja*). Puede ser un botón que incluso ponga un circulito con una raya, o en el propio botón de volumen, ya que si está al mínimo, el transceptor se apaga.

Vamos a ver un ejemplo de emisora de Banda Ciudadana, que como la de la imagen existen bastantes, y muy parecidas:

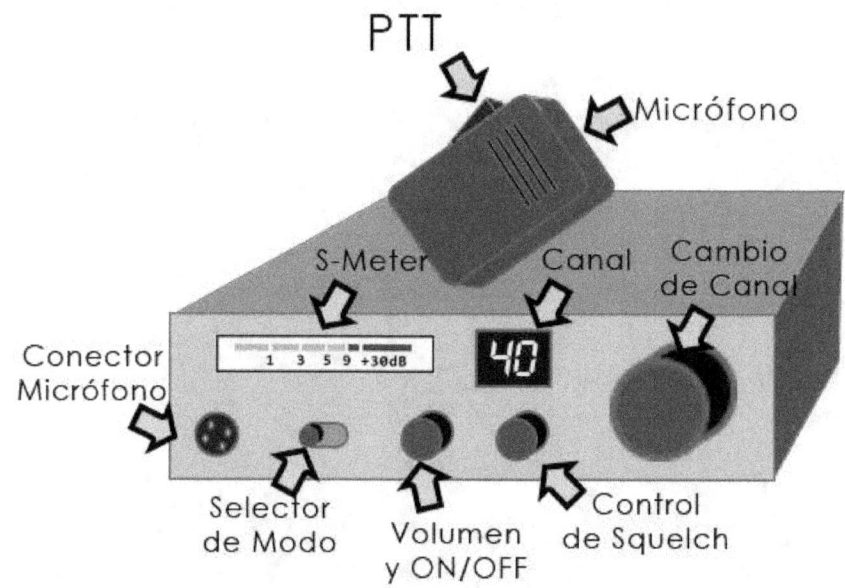

Aunque es una de las emisoras de CB más sencillas que existe... ¡Vaya! Ya tiene unos cuantos botones y roscas.

En este equipo (Es como llamamos a las emisoras), el botón de encendido y apagado está en el mando del volumen. Si lo giramos completamente a la izquierda, la emisora se apagará. Pero si lo giramos hacia la derecha, aparte de encenderse, subirá el volumen del ruido o voces que estén sonando.

¿Pero qué pasaría si escuchamos a alguien hablar pero no entendemos que dice? Pues lo más probable es que esté en un *Modo* diferente.

El Modo es el tipo de *Modulación*... ya está, palabrejas nuevas... ¿Os acordáis de que hace unas páginas os hablaba de las ondas de radio? Pues para enviar nuestra voz a través de las ondas, necesitamos modificarlas un poco. Para ello existen varios sistemas, y los más conocidos en la Banda Ciudadana son la AM (Amplitud Modulada) y la FM (Frecuencia Modulada).

No vamos a entrar en detalles sobre la modulación, pero sabed que existen muchos tipos, y que además, en vez de modular solamente voz, también podremos modular pitidos para comunicarnos mediante Código Morse o Modos Digitales. No te preocupes, ya hablaremos sobre ellos.

El caso... Si sentimos una voz y no somos capaces de entenderla, cambiamos el Modo. En este modelo de emisora tenemos AM y FM.

¿Y si no llegamos a escuchar a nadie en ese momento? Pues quizás estén en una frecuencia diferente. Algo así como un grupo de *Whatsapp*... Si no estamos en la misma frecuencia que en la que esté hablando alguien, no podremos escucharlo, y menos hablar con ellos. Tenemos que cambiarla.

Pero en la CB no hablamos de frecuencia directamente, pues según las normas internacionales, hablamos de Canales.

Cada canal tiene una frecuencia fija, y existen en total 40 de ellos. Empieza el 1 y acaba en el 40.

Para cambiar de canal simplemente deberemos de girar la rosca que pone eso de *Channel* (Canal en inglés), y en la pantallita veremos en cual estamos en ese momento.

Canales y frecuencias.

A la CB también se le conoce como *los 27*, y no es porque sean 27 canales, sino por la frecuencia que usan, ya que casi todos están en 27 megahercios (MHz).

Después de dar unas cuantas vueltas al selector de canales... ¡Escuchamos a alguien!

Fíjate en la aguja, se llama *S-Meter*, que significa algo así como medidor de fuerza. Y lo hace con unas cosas que se llaman *decibelios*, aunque esto tampoco nos es muy importante, pero que sepas que por eso los números no están separados por igual, usan una escala *logarítmica*. (Tranqui, sigue sin ser demasiado importante).

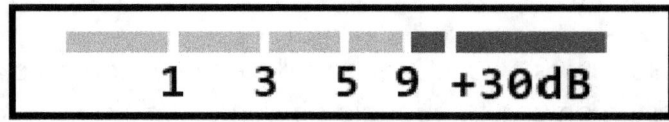

Pues si alguien nos pregunta por la señal que recibimos de él, uno de los datos que le daremos será este. (A veces también lo llamamos Santiago, por lo de la S...) y le diremos el número que marca la aguja.

¿Te das cuenta de que cuando no habla nadie el ruido de fondo es insoportable?

Claro, y los fabricantes de emisoras se dieron cuenta de ello, y por eso nos pusieron un mando que se llama *Squelch*.

Con el squelch podremos silenciar la emisora cuando no estemos escuchando a nadie. Lo hacemos girando el mando hasta que dejemos de oír ruido de fondo, y así cuando hable alguien, ya podremos escucharlo sin que nos moleste el QRN… (¡Uy!, ya hablaremos sobre estas cosas más adelante).

¡Perfecto! Ahora que conocemos todos los botones de la emisora es el momento de conectar el micrófono, y lo hacemos con cuidado, ya que tiene muchos terminales y podremos doblarlos. Fíjate que los conectores de micro tienen todos una muesca, pues esa marca tiene que encajar con la que tiene la emisora. Si va bien, el conector entrará hasta el fondo y podremos roscar la ruedecilla que suelen tener.

Cogemos el micrófono con la mano y le acercamos nuestra boca con intención de decir algo… ¿Sabéis que hay que hacer para hablar? Pues pulsar el *PTT*, que significa *Pulsar Para Hablar* en inglés *Push To Talk*.

Cuando queramos escuchar lo soltamos, y para hablar, lo apretamos. ¡Sencillísimo!

¿Y qué decimos?
Pues lo veremos ahora, ya que, aunque parecido, no es igual a como hablamos por la calle.

7

Hablando por una emisora

Pues para eso es una emisora, para poder hablar con otra gente. Si no, pues jugaríamos al solitario en el móvil.

Lo primero que tenemos que aprendernos es nuestro indicativo, y una vez que ya lo sabemos, deberemos de aprendernos unas cosas más...

El Código de Deletreo

Cuando queremos decir algo importante por la radio, como por ejemplo nuestro nombre o nuestro indicativo, lo más cómodo es usar este sistema, ya que aunque haya ruido de fondo o interferencias, pueden llegar a entendernos.

Para ello cogemos el alfabeto y a cada letra le asignamos una palabra, pero que además, comienza por la misma letra. Y lo bueno que tiene este código, es que ninguna palabra se parece a otra.

Imaginaos que me llamo Daniel, pues el que me escuche cuando hablo por una emisora puede entender... Rafael... Miguel... Gabriel... ¡Ufff! Mejor se lo deletreo...

Este código se comenzó a usar cuando comenzaron a existir las transmisiones de radio con voz, y lo hizo una organización aeronáutica para hablar entre la Tierra y los aviones.

Resultó ser tan bueno, que lo empezaron a usar no solamente ellos, pues los militares, los policías, los bomberos, y por supuesto los radioaficionados, lo empleamos toooodos los días.

¿Lo conocemos? Vamos allá

Letra	Código	Letra	Código	Letra	Código
A	Alfa	J	Juliet	S	Sierra
B	Bravo	K	Kilo	T	Tango
C	Charlie	L	Lima	U	Uniform
D	Delta	M	Mike	V	Victor
E	Echo	N	November	W	Whiskey
F	Foxtrot	O	Oscar	X	X-Ray
G	Golf	P	Papa	Y	Yankie
H	Hotel	Q	Quebec	Z	Zulu
I	India	R	Romeo	Ñ	Ñoño

¿A qué mola? Pues vamos a practicar con ello...

Yo me llamo Hertzy, luego para decir mi nombre mediante este sistema tengo que decir:

HOTEL ECHO ROMEO TANGO ZULU YANKIE

¡Ah! Es verdad, que se me olvidaba. Como este código lo inventó la ICAO, la organización esa de los aviones que os decía antes, su idioma oficial es el inglés, entonces las palabras hay que leerlas en ese idioma. Por ejemplo, la letra E sonaría como ECO, o la M suena como MAIK.

Venga, ahora que ya sabemos este código, empieza a practicar con palabras sueltas, como por ejemplo tu nombre, el de papá y mamá, con objetos... Ya verás lo rápido que te lo aprendes cuando lo practiques.

¡Vaya memoria la mía! Que se me olvidaba decirte que los números también se codifican, pero se hacen en inglés sin más:

Número	Código	Número	Código	Número	Código
1	One	5	Five	9	Nine
2	Two	6	Six	0	Zero
3	Three	7	Seven		
4	Four	8	Eigth		

El código Morse

No es que sea demasiado importante si no lo conoces, pero para entender el próximo código deberemos de saber que existe este.

Hace más de cien años se inventó la radio, pero cuando lo hicieron no podían hablar a través de ella. Entonces decidieron que emplearían el código que usaban los telegrafistas, que era uno inventado por un tal Samuel Morse.

Funciona mediante pitidos, y si unos se hacen más largos que otros, se consiguen codificar letras y números. Un punto es un pitido corto, y una raya, pues uno que dura un poco más (Exactamente tres veces más largo).

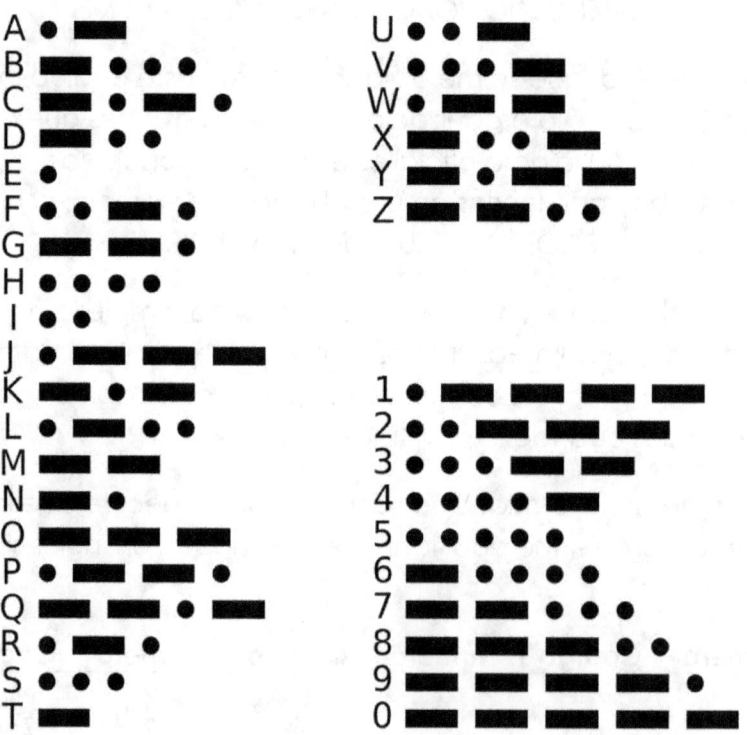

Usar el código Morse es un poco *enfarrogoso* al principio, pero una vez que le pillas el tranquillo, verás que nos podremos comunicar a distancias mayores que hablando tal cual por la radio.

Para fabricarnos estos pitidos usamos una especie de timbre que se llama Manipulador. Cuando lo pulsamos suena ese pitido, y si lo soltamos, pues no...

Enviar una palabra con este sistema se puede hacer muuuuyyy largo. Por ejemplo, para enviar mi nombre tendría que pulsar el manipulador todas estas veces...

Pues imagínate necesitar enviar "MI INDICATIVO ES"

¡Ajá! Tenemos un truco, y es emplear el código "Q".

Pero antes practica un poco el Morse con algunas palabras que se te ocurran, por ejemplo, el nombre de tu ciudad, de tu provincia... esas cosas.

El Código Q

Como os comentaba hace un momento, cuando queremos enviar algo por código Morse, puede hacerse larguísimo. Para evitar esto, hace ya un montón de años se inventaron un código que se compone de palabras de tres letras cada una, y encima, pues comienzan todas por la letra "Q".

Cada código puede usarse como una pregunta o como una respuesta. Por ejemplo, el código QRZ que significa Indicativo, puede emplearse como:

- ¿QRZ? (¿Cuál es tu indicativo?)
- QRZ (Mi indicativo es...)

¿A qué se acortan las comunicaciones? Claro. Pero lo mejor de todo es que este código también lo empleamos cuando hablamos por la radio.

Voy a ponerte ahora algunos de ellos, pero que sepas que al final del libro hay muchísimos más.

Código	Significado
QRA	El nombre propio. (Mi QRA es Hertzy)
QRM	Interferencias de aparatos
QRN	Interferencias atmosféricas (Tormentas...)
QRT	Terminar de hablar por la emisora
QRV	Estar preparado para hablar
QRX	Un momento, vuelvo ahora.
QRZ	Indicativo
QSB	La señal se pierde, se desvanece
QSL	Se recibe bien tu señal, te entiendo.
QSO	Hablar con alguien, hacer un comunicado
QTH	El sitio en el que estoy (Pueblo, ciudad...)
QTR	La hora

Sencillo. Pues ya sabes, a practicar el código Q un ratito...

Otros códigos y abreviaturas

A parte del código Q, también existen otros que se emplean mucho en el día a día en la radio. Los más importantes son estos:

Código	Significado
73	Saludos
DX	Comunicado a distancia
88	Besos
RPT	Repita
PSE	Por favor
BT	Separa cabeza y final
AR	Acuse recibo
K	Cambio
KN	Cambio a uno (Conteste)
SK	Final del comunicado
CQ	Llamada general
TX	Transmitir o transmisor
RX	Recibir o receptor
TNX	Gracias
OM	Colega (Chico)
YL	Colega (Chica)

Por ejemplo, para despedirnos, siempre solemos decir eso de *"¡Siete Tres!"*, o si es chica, pues *"Ocho, ocho"*.

Por ejemplo, si no escucho a nadie y quiero llamar para probar a ver si alguien contesta, digo algo así como:

- *CQ CQ de 30 HOTEL KILO 001 ¿QRZ?*

Con el código "CQ" estoy diciendo que quiero hablar con alguien, que mi indicativo es 30HK001, y que espero que me digan el indicativo del que me conteste.

Ya verás que con la práctica te saldrá todo esto solito sin falta de apuntes ni nada de eso.

Llamando y Contestando

Bueno, realmente ya hemos llamado al final de la página anterior... Pero ahora vamos a ver cómo se contesta.

¡Recuerda!
Aunque escriba los indicativos tal cual, deberemos de codificarlos siempre con el código ICAO.

Escuchamos como llama alguien...

- CQ CQ de 30LOM276 30LOM276 ¿QRZ?

Por el indicativo ya sabemos que vive en la Península Ibérica y que pertenece al radio club LOM.

¡Vamos a contestarle! Lo primero que hay que hacer es decir nuestro indicativo tal cual:

- 30HK001

Y si nos escuchó, lo primero que hará será decir nuestro indicativo y después el suyo:

- 30HK001, es 30LOM276, adelante...

Ahí nos dice que hablemos nosotros, pero podría decirnos, por ejemplo, la señal con la que llegamos:

- 30HK001 de 30LOM276, 5-9, ¿QSL?

¡Ein! ¿Qué es eso del 5-9 ese? Pues es nuestra señal RST. La vamos a ver ahora mismito, no te preocupes.

Antes de que se me olvide, fíjate que al final dice eso de QSL... y lo dice preguntando. Lo que quiere es preguntarnos si le hemos recibido, y para responderle, pues que mejor que hacerlo de la misma manera: ¡QSL!

El RST y el SINPO

Para enviar a nuestro corresponsal (La persona con la que hablamos por la radio) la fuerza y la calidad de las ondas que recibimos de él, usamos el código RST.

Se compone de dos o de tres números, y el primero es la *calidad* del sonido que recibimos.

Si es un sonido muy bueno, claro, que lo escuchamos como si estuviera delante de nosotros, decimos que es un 5. Pero en cambio, si se recibe un poco peor que bien, decimos que 4. Si la señal es entendible, pero a duras penas, entonces es un 3. Si apenas entendemos lo que habla, es un 2, y en cambio, si ni siquiera podemos saber de qué va lo que dice, su calidad es un 1.

El segundo número es la fuerza con la que nos llega su señal (Sus ondas de radio). Para decidir este número, simplemente hemos de mirar el S-Meter de la emisora. Eso sí, como máximo daremos un 9.

¿Te diste cuenta que antes 30LOM276 nos dijo que 5-9? Eso es, pues el 5 significa que nos escuchaba muy bien, y el 9 que la señal era muy fuerte, que la aguja casi llegaba al final.

Pero nos queda otro número más... el que corresponde con la letra "T" del RST: La calidad del tono.

Esta solamente la usamos si transmitimos en código Morse, ya que indica si el pitido suena muy bien (Un 9) o mal (Un 1).

Por cierto, a la "R" normalmente la llamamos el *Radio*, y a la "T", el *Santiago*... Cosas nuestras...

Ya para terminar este capítulo, os voy a explicar otro código, el SINPO, y es que el usamos para explicar la calidad de una recepción cuando practicamos la radioescucha.

Este son cinco números, y todos van del 1 al 5, siendo el 1 el peor caso, y cinco el mejor.

Al igual que el RST, a este también cada letra es una valoración, siendo:

S – La fuerza de la señal. (5 Muy fuerte, 1 muy débil)
I – Interferencias de otras emisoras (5 Ninguna y 1 muchas)
N – Ruido (5 Ninguno, 1 mucho)
P – Variación de la señal (5 No varía, 1 varía mucho)
O – La apreciación en conjunto (5 Muy bien, 1 muy mal)

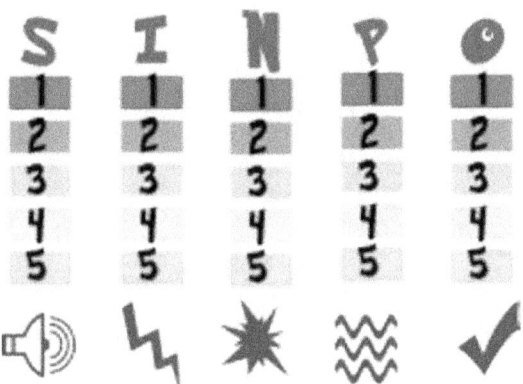

El mejor informe para una escucha sería 55555.

8

La Estación de Radio Ampliada

Antes hablábamos de que al menos son necesarias tres cosas en una estación: La Alimentación, el Transceptor y la Antena.

Pues ahora vamos a ir ampliando con más *trastos* y aparatos que nos harán más *cómoda* la operación de radio.

Altavoz externo y auriculares

Se tratan de dos dispositivos que nos permiten escuchar la recepción de las señales mucho mejor.

En casi todas las emisoras existe un conector por la parte trasera que pone algo así como *SPK* o *Speaker*, que no deja de ser *Altavoz* en inglés. Pues en este conector podremos enchufar el cable que sale del altavoz y así tener el sonido que recibimos mucho más *cerca*.

Por otro lado, podremos también conectar unos auriculares, los mismos que usamos para el móvil o el ordenador, pero esta vez, buscaremos un conector que ponga algo así como *Earphones* o *EAR*. No todos los transceptores lo tienen, y si este es el caso, lo enchufaremos también al SKP. Eso sí, no escucharemos por los dos oídos, uno quedará en silencio.

Otra cosa que tienen algunos auriculares es el micrófono integrado. Ninguna, o casi ninguna emisora tiene la opción de conectar el micro directamente.

Para poder emplear el micrófono directamente en la emisora necesitaremos de un circuito adaptador. Con este otro aparato podremos no solamente el usar el micro, sino también un PTT externo, como por ejemplo un pedal.

Micrófono de sobremesa

Se trata de un *aparatejo* que enchufaremos directamente al conector del micrófono de la emisora.

Con él podremos estar más cómodos cuando hablemos, ya que no hace falta llevarnos la pastilla (Te has fijado que el micro se parece a una pastilla de jabón) con la mano delante de la cara. Simplemente usaremos su botón más grande como PTT.

Algunos micrófonos de sobremesa, no solamente nos hacen estar más cómodos, sino que también añaden alguna tontería como el eco... creedme que de utilidad no tiene nada, todo lo contrario, ya que es incómodo de escuchar a alguien que lo use.

Amplificador de recepción

Cuando vayas practicando con la radio, verás que algunas señales son muy débiles, y que apenas conseguimos escuchar.

Existen unos aparatos que nos permiten mejorar la recepción de las señales, haciendo que las que nos lleguen más bajitas podamos entenderlas mejor.

¡Pero ojo! Si amplificamos las señales de la gente... ¡También amplificaremos el ruido que exista en la frecuencia en la que estemos recibiendo!

Para ello tienen un mando que pone algo así como *Gain*, y que podremos ir ajustando según nos convenga, ya que si damos mucha *ganancia* (*mucha gain*), habrá veces que será muy difícil escuchar a nuestro interlocutor.

Amplificadores de potencia

Son aparatos que nos permiten ampliar la señal de radio que saldrá por la antena.

¿Recordáis que os decía que cuando tiramos una piedra al estanque las ondas que están más cerca son más grandes? Pues con este aparato lo que conseguimos es amplificar esas ondas y hacerlas aún más grandes.

 La potencia (Lo grande que salen las ondas de la emisora) se mide en *Vatios* (Se pone como una W, ya que en inglés es *Watts*), y cuanto más nos digan que tiene el transceptor, más grandes serán esas ondas.

Pero ojo, no nos servirá cualquiera de ellos, ya que se fabrican para cada banda específica, o algunos se hacen

ATENCIÓN: La potencia máxima legal en CB son 4W (vatios) en AM y FM, que es la que entregan casi todas las emisoras. Usar un amplificador en esta banda es ilegal, y muy peligroso.

multi-banda, como el que aparece en la imagen.

Conexión de los amplificadores

Ya que sabemos entender diagramas, vamos a explicarlo con ellos, ya que no nos vamos a poner a sacar fotos a todos nuestros equipos, y además, una vez que le pilles el truco, será mucho más sencillo hacerlo.

El amplificador, cualquiera de ellos, tiene que estar conectado siempre entre la antena y el transceptor, y lo hacemos con unos cablecillos que se llaman Latiguillos, que son cable coaxial pero que miden mucho menos que el que va a la antena.

Todos los amplificadores, sean de recepción o de potencia, tienen dos conectores como el de la antena de la emisora. Uno marcado normalmente como RTX (Transceptor) y otro como ANT (¿Será por antena?...). Además disponen de los cables rojo y negro para alimentarlos con electricidad.

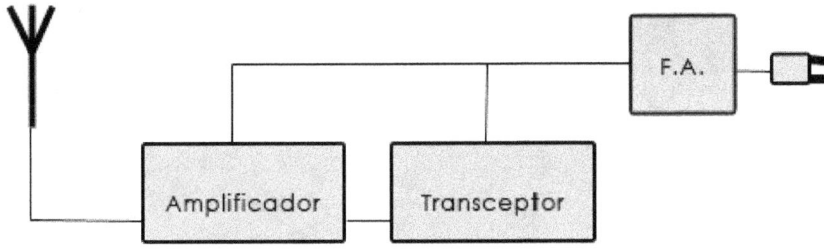

Como veréis, ya no pongo nada sobre cables, ni colores, ni nada de eso. Ya sabemos tanto que no nos hace falta.

Fijaos que desde la fuente de alimentación se conectan el amplificador y el transceptor, y como ya os había comentado, se hace con cables rojos y negros. Pues bien, los rojos han de estar todos juntos, y los negros también.

Solemos usar unos conectores que llamamos *Bananas*, ya que se pueden enchufar a la fuente, y a su vez, en ellos mismos, podremos conectarle otra banana del mismo tipo. (Fíjate en la foto como tiene un agujero).

Normalmente se atornilla el cable en la propia banana, pero si tienes dudas o no os atrevéis a hacerlo vosotros solos, pedidles ayuda a vuestros padres.

¿Ya está montada la estación de radio?
Si. Pero además hemos de **ajustar la antena**, ya que si no lo está, sería muy peligroso y podríamos estropear nuestra emisora.

9

Frecuencias, Bandas y Estacionarias

Vamos a imaginarnos un problema. Nos dicen que una persona necesita un vaso exacto de agua al día. Si bebe más, se pondrá enfermo, y si bebe menos, pues también.

Quizás os suene un poco a tontería, pero a nuestra antena le pasa esto.

En vez de agua, lo que necesita nuestra antena es que la onda sea de una *longitud* que encaje en ella.

Tranqui... vamos a ir viendo esto poco a poco para que puedas entenderlo.

¿Os acordáis de que al principio os hablaba de la frecuencia? Pues salgamos de dudas.

Frecuencia

Volvemos a imaginarnos las ondas del agua... ¿Las tenéis ya en mente? Bien. Pues contad las que salen cada segundo del sitio donde cayó la piedra.

¡Eso es! La Frecuencia es la cantidad de ondas que se repiten en un segundo, pero en vez de ondas de agua, son de ondas de radio.

Vamos a imaginarnos varias ondas. En la primera de ellas, en un segundo, la onda sale una sola vez.

En la segunda, en el mismo tiempo, un segundo, salen dos ondas.

Y en la tercera, pues cuatro veces.

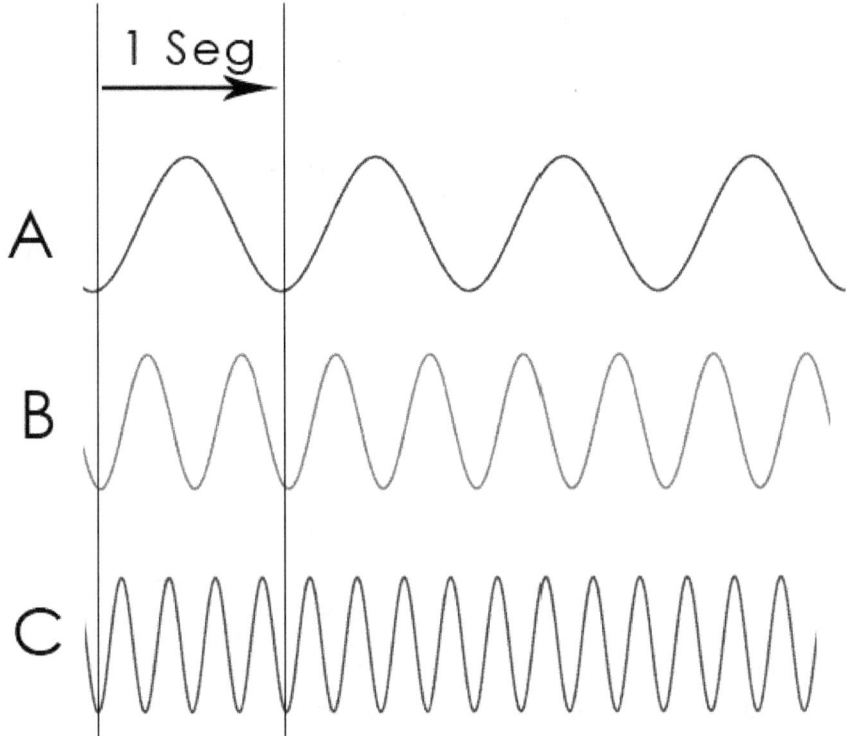

Este efecto lo podemos ver en la imagen que está justo aquí arriba. En la onda A, su frecuencia es 1, ya que se repite una vez. En la onda B, la frecuencia es 2. Y por último, en la onda C, la frecuencia es 4.

¿Pero sabes cómo la medimos? Pues en Ciclos por Segundo, ya que al final no es otra cosa que algo que se repite, un ciclo.

Pero bueno, se suele emplear el *Hercio* (Eh!) como medida, luego la onda A será de 1 Hercio, la B de 2 Hercios, y la C de 4 Hercios.

Para abreviar, en vez de escribir *Hercio* (O *Hertzio*) directamente, se escribe *Hz* solamente, por ejemplo, podemos decir que una frecuencia tiene 245 Hz. (Su onda se repite 245 veces cada segundo).

Ahora... ¿Recuerdas cuando decía que en la Banda Ciudadana tenía una frecuencia de 27MHz?

Ese *MHz* significa *Mega Hercio*, es decir, *Millón de hercios*. Cuando se repiten tantas veces las ondas, en vez de poner que tienen una frecuencia de 27000000 de hercios, simplemente decimos 27 MHz.

Vamos a ver en una tabla más abreviaturas:

Ciclos por Segundo	Hercios (Hz)	Kilo Hercios (KHz)	Mega Hercios (MHz)
1	1	0.001	0.000001
1000	1000	1	0.001
1000000	1000000	1000	1
7125000	7125000	7125	7.125

Ahora os voy a explicar en qué consisten eso de las bandas, ya que sabemos que son las frecuencias, no nos quedemos solamente con la ciudadana. Existen más....

Bandas

Bueno, pues realmente no es otra cosa que un grupo de frecuencias que están juntas y normalmente las llamamos por su longitud aproximada, de la que hablaremos ya en nada,

Existen muchísimas bandas, incluso los teléfonos móviles hablan de las bandas que son capaces de usar. En la radioafición disponemos de las siguientes (Aunque depende del país, algunas pueden ser diferentes):

Banda	Frec. Mínima	Frec. Máxima
2200 Metros	135.7 KHz	137.8 KHz
160 M	1810 KHz	1850 KHz
80M	**3500 KHz**	**3800 KHz**
60M	5266 KHz (1)	5438 KHz (1)
40M	**7000 KHz**	**7200 KHz**
30M	10100 KHz	10150 KHz
20M	**14000 KHz**	**14350 KHz**
17M	18068 KHz	18168 KHz
15M	**21000 KHz**	**21450 KHz**
12M	24890 KHz	24990 KHz
(2) 11M (CB)	26965 KHz (1)	27405 KHz (1)
10M	**28000 KHz**	**29700 KHz**
6M	50 MHz	52 MHz
4 M	70.150 MHz	70.200 MHz
2M	**144 MHz**	**146 MHz**
70CM	**430 MHz**	**440 MHz**
(2) 70 CM (PMR)	446.006 MHz (1)	446.094 MHz (1)
23CM	1240 MHz	1300 MHz
13CM	2300 MHz	2450 MHz
6 CM	5650 MHz	5850 MHz
3 CM	10000 MHz	10500 MHz
1.5CM	24000 MHz	24250 MHz
6 MM	47000 MHz	47200 MHz

En negrita os he puesto las más tradicionales, que son en las que celebran concursos y se centran la mayoría de actividades.

Nota 1: Aquí no podemos elegir una frecuencia que queramos entre la mínima y la máxima, ya que están canalizadas (Funciona con canales).

Nota 2: Las Banda de 11 metros (Banda Ciudadana) y la de 70 centímetros (PMR), son de uso libre, luego no requieren de licencia ni examen.

El uso de una banda u otra depende de muchos factores, por ejemplo, si quiero hablar con la *Estación Espacial Internacional* (¡Sí!, podemos hacerlo), deberemos de emplear las bandas de 2 metros y la de 70 centímetros, la primera para enviar nuestra voz y la segunda para recibir la de los astronautas.

El grupo de bandas que se encuentran entre los 160 y los 10 metros, se les conoce por *Onda Corta*, o HF (*Alta Frecuencia* en inglés).

Son en este grupo de bandas en las que trabajan los Radioescuchas de Onda Corta (SWL), y en la que en muy poquito os explicaré su operación.

Pero la duda nos llega cuando nos preguntamos ¿De dónde salen los metros? ¿Se pueden medir las ondas?

¡Claro! Aunque no con una cinta métrica. Se hace en función de la *Velocidad de la Luz...*

Longitud de Onda

No os quiero complicar demasiado la vida con esto, pero hemos de conocer qué es eso de la longitud de las ondas, sobre todo para poder calcular nuestras antenas y que queden perfectamente ajustadas.

¿Habéis escuchado alguna vez que algo es más rápido que la luz? Pues sí, ya que en la práctica no hay nada más veloz.

¿Y sabéis a qué velocidad viaja?

¡A 300 MILLONES DE METROS CADA SEGUNDO!

Pues las ondas de radio también viajan a esa velocidad... o bueno, casi.

Pues para calcular la longitud de la onda (λ, que es una letra griega que se llama *Lambda*), deberemos de dividirla entre la frecuencia.

IMPORTANTE
La frecuencia deberemos de ponerla en Hercios y la velocidad en metros por segundo (m/s).

Luego, podríamos calcular la λ para una frecuencia de 7100 Khz así:

$$\lambda = 300000000 \ (m/s) \ / \ 7100000 \ (Hz) = 42.25 \ Metros$$

¿Sabes a que banda pertenece esta frecuencia?

Longitud de la Antena y Estacionarias

Ya os había hablado de que la antena tiene que estar diseñada para una determinada banda. Pues bien, la longitud de la antena depende de la longitud de onda.

Si nosotros diseñamos una antena más corta o más larga que la frecuencia que transmitiremos con ella, sucederá lo del efecto del vaso de agua y nuestra emisora enfermará (Se estropeará).

Normalmente el fabricante de la antena dice que ese modelo funciona bien entre tal y cual frecuencia, y lo dice de la siguiente manera:

R.O.E. menor de 1.5 entre 28000 y 29700 KHz

¿Qué es eso de la ROE? Es la *Relación de Ondas Estacionarias*, y significa que cuanto más se acerque a 1 es mejor.

Las ondas que enviamos a la antena tienen que medir lo mismo (O muy parecido) que para lo que fue diseñada, si miden más o menos, la antena nos devuelve *rebotada* hacia la emisora esa longitud que le sobre o que le falta. Y claro, la emisora está preparada para enviar ondas cuando se transmite, no para recibirlas (Eso lo hace en recepción).

Para saber en todo momento la ROE que tenemos en nuestro equipo, necesitamos de un nuevo aparato llamado *Medidor de ROE* que instalaremos entre la antena y la emisora. Algunos equipos ya tienen medidor de estacionarias integrado, pero otras muchas no, y deberemos de saber en todo momento las que tenemos, ya que podríamos *quemar* nuestra querida emisora.

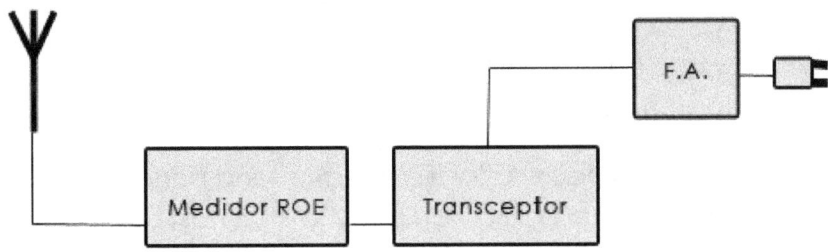

Todos los medidores de ROE tienen al menos dos conectores de antena, igual que los amplificadores: Uno que va hacia la emisora y otro hacia la antena.

Pero algunos no solamente nos miden las estacionarias, ya que también se diseñan para medir la potencia con la que transmitimos...

No os puedo explicar el manejo de ellos, ya que en cada modelo se hace de una manera diferente, así que tendréis que mirar el manual del *aparatejo* para saber su funcionamiento específico.

Aunque sí que os diré una cosa... son mucho más fáciles de manejar los que tienen dos agujas en la misma pantallita que los que solamente tienen una. (El de la fotografía es de dos agujas).

⚠ **ATENCIÓN**: Los fabricantes suelen decir que la máxima ROE que aguanta su equipo es más o menos 2,5. Si pasa de ahí, el equipo se estropeará.

Acopladores de Antena

Lo último que vamos a ver en este capítulo son otros aparatos que se llaman Acopladores de Antena.

Con ellos no nos hace falta ajustar la antena perfectamente, ya que ellos se encargarán de bajar la ROE hasta los niveles que aguantan nuestros equipos.

Los hay manuales y automáticos, y los más sencillos simplemente tienen dos mandos que iremos girando a un lado y a otro hasta que el medidor de la ROE nos diga que estamos en el punto bueno (En el que esté más cerca de 1).

Para instalarlo en la estación, deberemos de insertarlo entre la antena y el medidor de ROE, ya que en realidad, el acoplador formará parte de la antena (Aunque lo tengamos en nuestra habitación).

Al igual que los amplificadores y los medidores, el acoplador tiene dos conectores de antena, uno para la antena, y el otro hacia el medidor.

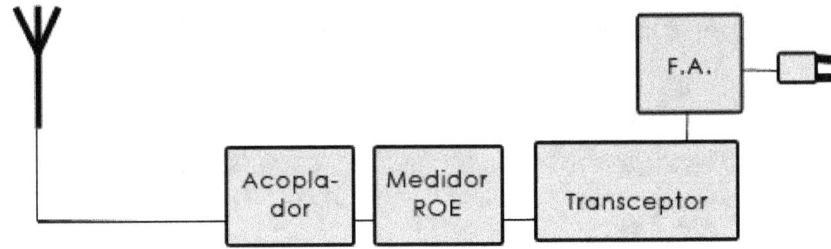

Usaremos latiguillos de cable coaxial para ir uniendo todos los aparatos con sus respectivos conectores, y que quede tal como en el diagrama de arriba.

¿Pero qué pasa si queremos poner también el amplificador?

Pues que necesitaremos colocarlo ANTES que el acoplador y el medidor.

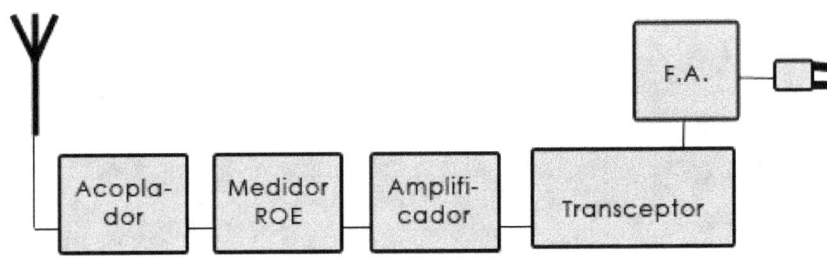

 **ATENCIÓN**:
Si conectamos el amplificador deberemos de tener en cuenta que el acoplador y el medidor aguanten la potencia que recibirán del amplificador, ya que podríamos quemar muchas cosas, incluida nuestra emisora.

También hay muchos acopladores que traen incluido el medidor, ya sean manuales como este:

O automático. Fíjate que en vez de agujas tiene una escala de luces LED:

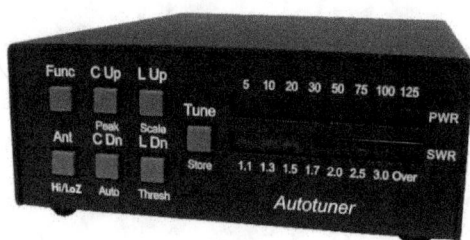

Pero también existen amplificadores que ya tienen TOOODOOO integrado: Amplificador, medidor y acoplador. Suelen ser los más grandes, y claro, los más caros.

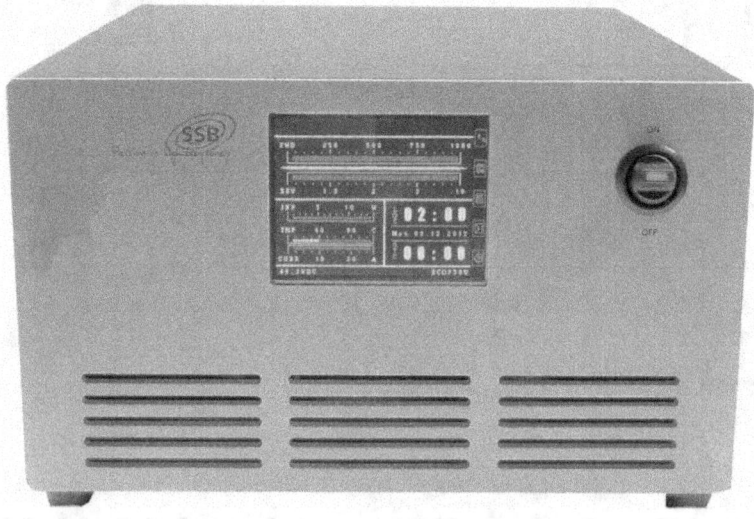

10

La Estación del Radioescucha

Hasta ahora habíamos visto como era una estación preparada para operar la radio, pero también existe otro tipo de estación en la que no hay un transceptor, sino un receptor.

El diagrama viene a ser el mismo, pero cambiamos el transceptor por un receptor. Existen de muchos tipos, e incluso podremos usar una emisora sin conectarle el micrófono.

O incluso, existen receptores que no necesitan ni de fuente de alimentación ni de antena externa, ya que tendrían todo integrado, tal como muestra el de la imagen de aquí al lado.

Una cosa importante que deberemos de conocer es que en la Onda Corta, la HF, los radioaficionados es raro que emitan en AM o FM, que pueden, pero prefieren hacerlo en un modo que se llama *Banda Lateral Única* (BLU).

La Banda Lateral Única

La característica más importante de la BLU es que no transmite mientras no se hable. Aunque tengamos pulsado el PTT, las ondas de radio no salen de la emisora hacia la antena. Solamente lo hacen cuando hay sonido.

Con ello, unas cosas que se llaman transistores que están dentro del transceptor, no se calientan tanto y por ello podremos emplear más potencia en nuestras transmisiones.

Pero dentro de la banda lateral única (*SSB en inglés, Single Side Band*), existen otros dos sub-modos, cuando la banda lateral es superior a la frecuencia, y cuando es inferior.

Al primero lo llamamos *Banda Lateral Superior* (BLS, o USB, *Upper Side Band*) y a la segunda *Banda Lateral Inferior* (BLI, o LSB, *Lower Side Band*).

¿Y cómo funcionan? Bien, cuando transmitimos en AM, las ondas de radio que salen de la emisora (Se llama *Onda Portadora*), varían en función del sonido, pero siempre están ahí. En cambio, en LSB o USB, la portadora solamente aparece cuando se modula (Hay sonido).

También existe otra posibilidad en la Banda Lateral, y es que la modulación aparezca tanto en la parte inferior como superior. A este tipo de modulación se llama Doble Banda Lateral (DBL o DSB, *Double Side Band*). Pero bueno, esta no se usa, nos quedaremos simplemente con el USB y el LSB.

Eso sí, como al final es el mismo modo, por un sistema bastante antiguo se decidió que por debajo de los 10 MHz se empleé el LSB, y por encima el USB. Pero siembre hablamos de SSB, usemos el modo que sea (En su banda).

¡Intentar comunicarte en LSB en la banda de 20M será imposible! (O al menos hasta que se den cuenta que estás en un modo equivocado).

Modo	Castellano	Inglés
Banda Lateral Superior	BLS	USB
Banda Lateral Inferior	BLI	LSB
Doble Banda Lateral	DBL	DSB

Diagrama de una Estación de SWL

Ahora que ya sabemos los tipos de modulación o modos que se emplean (AM, FM y SSB), podremos ponernos a escuchar con nuestra estación de escucha.

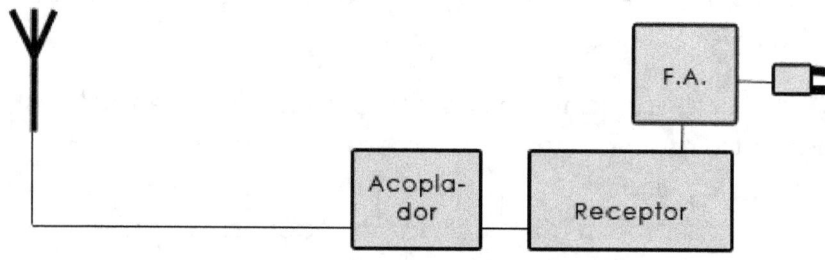

Como podéis ver en el diagrama, es básicamente la misma configuración que una estación con transceptor, e incluso tiene acoplador...

Si, ya que no solamente la longitud de la antena interviene en la transmisión, sino que para una mejor recepción la antena también tiene que estar en concordancia con la frecuencia que escuchemos. A esto se llama *Adaptar Impedancias*.

No nos vamos a meter con ellas (No es que sean malas), pero sabed que el acoplador hace eso, adaptar impedancias, y lo hace tanto en transmisión como en recepción.

NOTA CURIOSA

Las impedancias se miden en *Ohmios* (Ω), y normalmente son 50 Ω, tanto en la antena como en la emisora o receptor.

11

La Estación del Radioescucha en el Siglo XXI

Vaya... yo no sé como seguirá este siglo, pero al menos, ahora que lo estamos empezando, podemos recibir multitud de estaciones de radioaficionados del mundo sin instalar un solo cable en casa. (Ni antenas, ni fuentes de alimentación...)

Se emplean para estos menesteres un tipo de receptor que parte de él es electrónica, y otra parte informática, y aprobechando esta última característica, los conectamos a internet.

Se llaman receptores SRD (*Software Defined Radio*, o *Radio Definida por Software*).

Para ello solamente necesitaremos de una conexión a Internet, y lógicamente, de una página web: *www.websdr.org*.

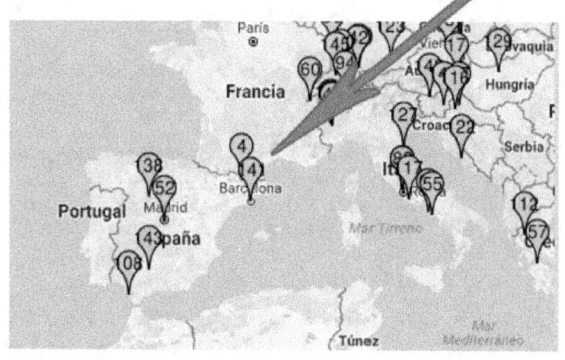

WebSDR in C3 Ordino - ANDORRA PRINCIPALITY - ARDAM Ham Radio Association - RX 4 pcs FuncubeDonggle Pro+ http://sdr.radioandorra.org:8901/ JN02SN; 35 users	7.008 - 7.200 MHz	Half wave Dipole.
	5.262 - 5.454 MHz	Short dipole.
	3.610 - 3.802 MHz	Half wave Dipole.
	14.043 - 14.235 MHz	

Allí aparecerá una lista con varios receptores SDR repartidos por todo el mundo, fíjate que a su derecha hay un número, pues abajo del todo hay un mapa para decirte en dónde está. Simplemente hemos de seleccionar uno de ellos, y se nos abrirá una página web del servidor del receptor SRD.

Entonces buscaremos una cosa llamada Cascada, y no es más que un determinado grupo de frecuencias (Banda) que está siendo retransmitido a través de Internet.

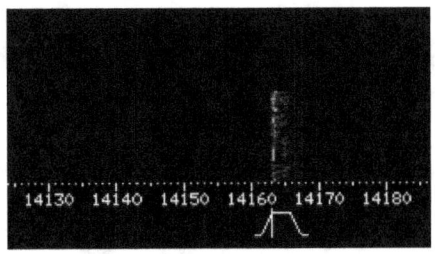

Como puedes observar en la imagen de la página anterior, hay como unas líneas que salen de abajo y van hacia arriba. Eso es una modulación, es decir, alguien está hablando en esa determinada frecuencia.

Si desplazamos el cursor (Esa especie de trapecio de color amarillo) y lo situamos justo debajo de las líneas, tal como muestra la imagen, nuestro ordenador comenzará a reproducir la voz del radioaficionado que está hablando.

Ahora fijaos en algunas cosas más que hay que tener en cuenta dentro de la página del receptor.

Una de ellas es la ventana de frecuencia, que aunque podamos cambiarla moviendo el cursor por la cascada, hay veces que nos interesa afinarla, vamos, que normalmente los radioaficionados hablamos por frecuencias que terminan en cero o en cinco.

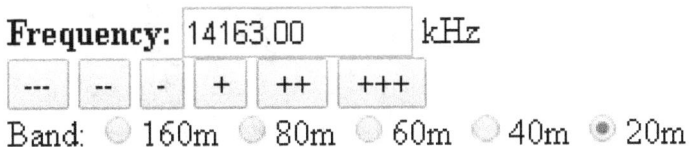

Además, si el receptor dispone de más de una banda, será aquí en donde elijamos la que queramos escuchar mediante los selectores que están en su parte inferior.

Vamos a por otra cosa, y no es más que el selector de modos:

Bandwidth:
2.49 kHz @ -6dB; **2.95** kHz @ -60dB.

¿Recordáis que hablábamos de que por encima de los 10MHz se usa el USB y por debajo el LSB?

Pues es aquí en donde seleccionaremos el modo a recibir. Pero además, fijaos que tenemos uno que se llama CW... *Continuos Wave*, que en castellano es *Onda Continua*.

¿Y qué es eso? Pues el modo perfecto para escuchar Morse, ya que elimina ruido de fondo mediante un sistema que se llama *Filtrado Paso Banda*.

Además, hay algunos al que le añaden *–nrw*, que es la abreviatura de *Narrow*, Estrecho. Esto se hace precisamente para filtrar un poco más el ruido que hay de fondo. Pero no te preocupes, lo normal es usar los modos de los botones de la fila superior.

Otra cosa importante es el S-Meter, que lo tendremos también por ahí en algún lugar. Y es que es casi igual a los que tienen los transceptores.

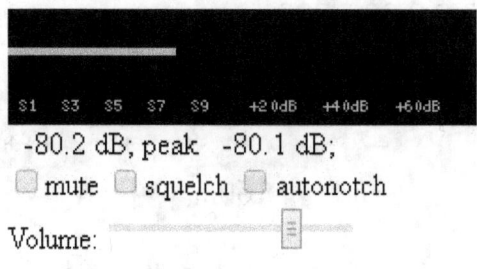

Pero además tiene control de *Mute* (Silenciar), *Squelch* (Que ya sabemos para qué sirve) y *Autonotch* (Que es para silenciar pitidos y silbidos incómodos). Y claro está, como cualquier receptor, un mando para el Volumen.

Lo último que es importante en el receptor SDR, es poder controlar la cascada (Waterfall), y se hace mediante los controles que tiene la web para ello.

Waterfall view:

zoom out	zoom in

max out	max in

Or use scroll wheel and dragging on waterfall.

Speed: slow ▼

Size: medium ▼

View: waterfall ▼

☐ Hide labels

Desde aquí podremos acercar o alejar la cascada (*Zoom in* y *Zoom Out*).

Controlaremos la velocidad (*Speed*), el tamaño (*Size*) y la vista (*View*), ya que podremos resaltar las señales débiles (*Weaks*), fuertes (*Strong*) o ver un espectro (*Spectrum*) en vez de una cascada.

Venga, pues no te queda más que practicar con los receptores SDR online y comenzar a apuntar todo aquello que escuchas… ¿No os había dicho que hay que apuntar?

¡Vaya fallo! Os lo explico ahora mismito…

12

El Libro de Guardia

¡Vaya cabeza la mía! Mira que no haberos dicho que teníamos que apuntar nuestros contactos o escuchas en algún lado...

Pues sí, lo apuntaremos todo, tanto lo que hablamos con otra gente, como lo que escuchamos. Y lo hacemos en un sitio que se llama *Libro de Guardia*, o bueno, mucha gente lo llama *Logbook* o *Log*.

Y realmente no es otra cosa que una libreta que tenemos en nuestro cuarto de la radio (Shack...) para rellenar, precisamente con datos, tanto de los comunicados como de las escuchas.

¿Y qué datos son? Podremos apuntar muchos, pero al menos son necesarios:

- QRZ (Su indicativo)
- Fecha
- UTC (... ¿No os he hablado de ella?)
- Banda o Frecuencia
- Modo
- RST o SINPO (Según sea el tipo)
- QSL recibida, enviada y método (Tranqui...)
- Y QRZ del interlocutor si es una escucha.

Y lo hacemos en una rejilla o tabla (Apuntar digo...), como por ejemplo algo así.

QRZ	Date	UTC	FREQ.	MODE	RST	Rvc	Sent	Way
W7NDN	2017/10/24	1257	20M	SSB	58		X	Postal
EA1IIE	2017/10/24	1305	15M	SSB	45	X	X	Bureau

Podríamos añadir algunos campos más, como por ejemplo, comentarios, o en el caso de ser una escucha, el indicativo de la persona con la que habló y el SINPO.

Pero antes de seguir con más cosas sobre el logbook, voy a explicaros algo sobre la hora.

La hora UTC

Imaginaos que estamos en Ávila, y que son las 8 de la tarde y con la radio hago un contacto (QSO) con... Pablo, que su indicativo es 4HK008... ¿Sabes de dónde es? Argentina, ya que su división es la 4.

Bien, pues apunto en mi libro de guardia que hablé con Pablito a las 20:00 (Las 8 de la tarde), y lógicamente él también lo apuntará en su log y pondrá las 16:00, ya que allí tienen cuatro horas menos que en Ávila.

Pero ahora un radioescucha de Israel, que se llama por ejemplo... Ariel, nos escucha hablar a Pablo y a mi, y apunta en su libro de guardia que el comunicado (QSO) fue a las 22:00, ya que su reloj lo dice así.

Bien, ahora observar, las 20:00, las 16:00 y las 22:00... ¿No sería más fácil que todos usásemos la misma hora?

¡Claro! Y por ello usamos la hora UTC (*Universel Temps Coordonné* en francés, o *Tiempo Universal Coordinado*), que al final es la hora que hay siempre en el meridiano de Greenwich, un pueblecito inglés en el que desde hace muchos años se toma la hora universal, la GMT (Greenwich Mean Time, o Tiempo Medio en Greenwich).

La diferencia entre la GMT y la UTC es la precisión. La GMT se mide desde muchos años y no se tiene en cuenta algunas cosas, como que la Tierra no gira siempre a la misma velocidad (La UTC si lo tiene en cuenta).

El caso, en el libro de guardia SIEMPRE hemos de apuntar las horas en el tiempo UTC… ¿Pero sabes cómo calcularla? Vamos a verlo.

En la Península Ibérica, Ceuta, Melilla e Islas Baleares se está siempre a UNA hora sobre la UTC en invierno, pero en el verano son DOS.

En las Islas Canarias en invierno están en la hora UTC, y en el verano UNA hora más.

En Argentina, Pablo está TRES horas ANTES que la UTC, y Ariel, en Israel, está TRES horas después. Todo esto en invierno, pues dependiendo del país, unos cambian la hora en verano (Como España) y otros no. Por eso es tan importante utilizar siempre la hora UTC.

Ahora bien, suponiendo que es invierno, ¿Qué hora UTC era cuando Pablo y yo hablamos, y Ariel escuchaba?

En la siguiente página os pongo un mapa del mundo y las diferencias de hora que hay en cada país. Veréis que es muy sencillo de entender.

¡Ah! Por cierto, hay países que no ajustan la hora a la UTC y en vez de tener una, dos o diez horas de diferencia, los hay con menos cinco horas y media, como la India, o más nueve horas y media, como la Polinesia Francesa.

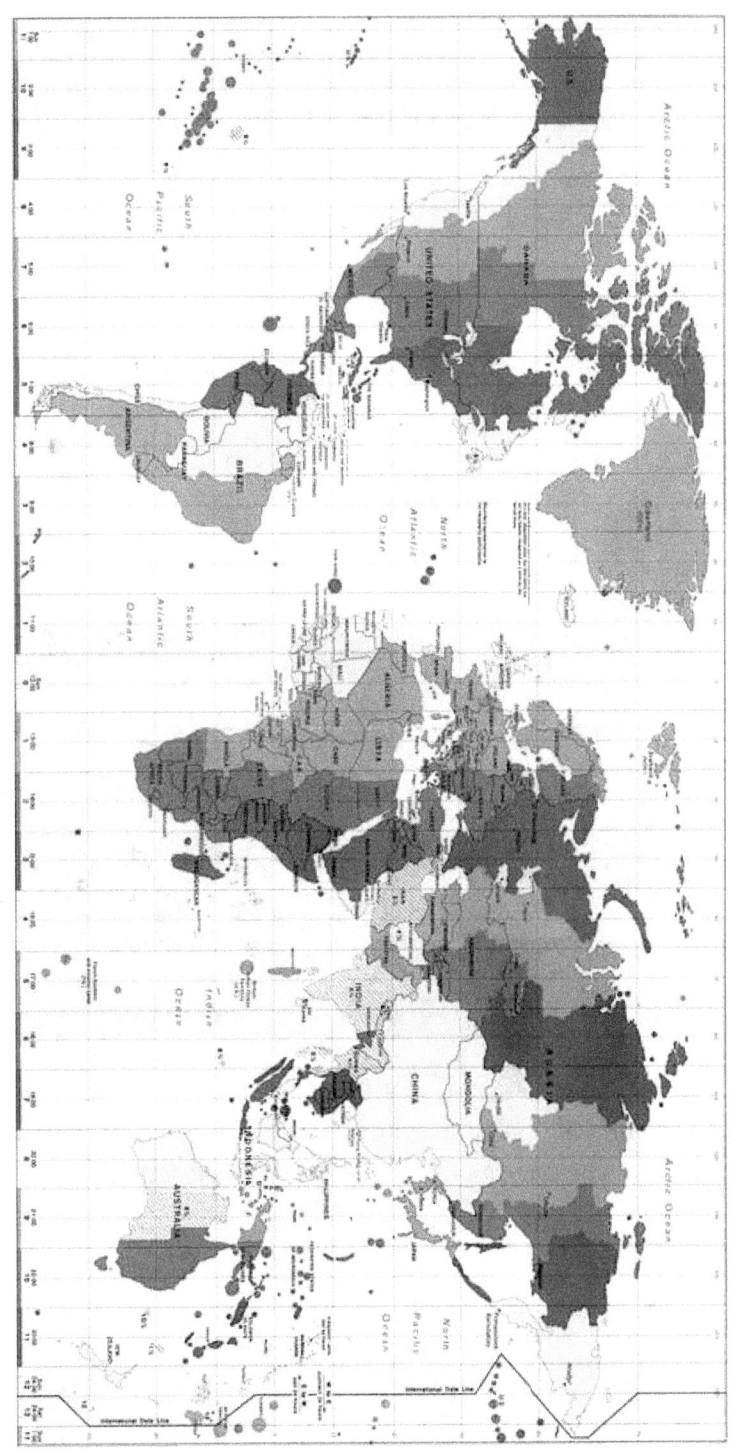

85

Pero como os comentaba hace unas páginas, estamos en pleno siglo XXI, y claro, los programas de ordenador están a la orden del día, y nuestro libro de guardia no iba a ser menos.

Existen muchísimos, y los más famosos son:

Ham Radio deLuxe

Existe una versión gratuita y otra de pago. Lógicamente la última tiene más cosas y más modernas. Pero quizás sea el libro de guardia electrónico más usado.

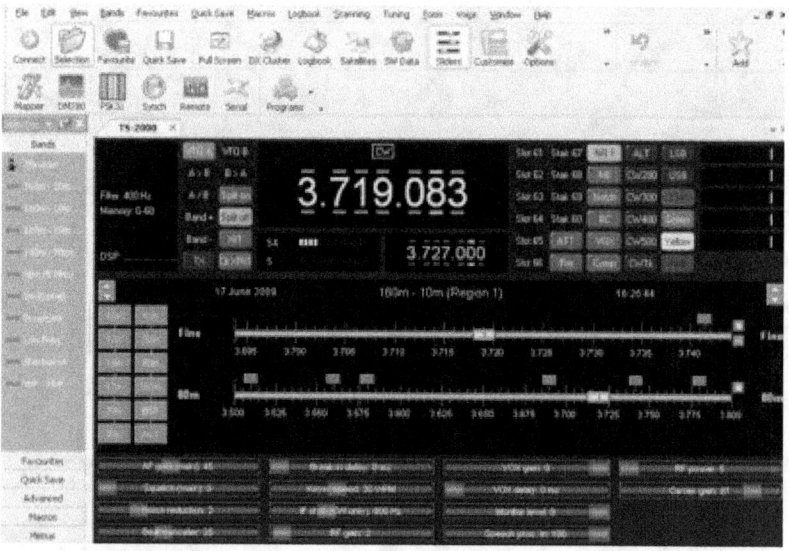

Pero además, si nuestro transceptor dispone de conexión CAT (Para controlarlo desde un ordenador), el mismo programa nos permitirá operar con él desde la pantalla del PC.

Logger32

Es sencillo de manejar y muy cómodo. Además, puedes saber en todo momento las estaciones que están siendo buscadas mediante el *Clúster*... Tranqui...

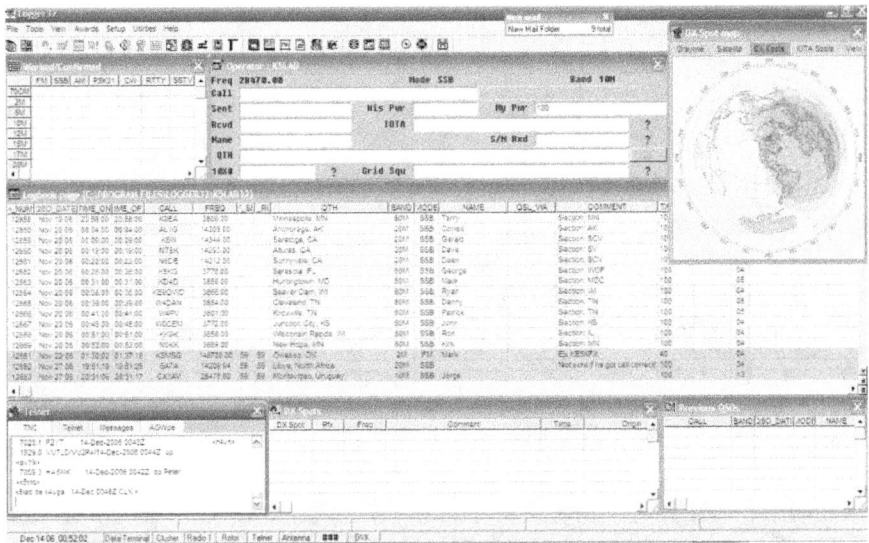

Existen muuuchos más, pero seguro que con estos podrás comenzar a guardar tus comunicados en un ordenador.

Por cierto... Existen multitud de páginas web que ofrecen un libro de guardia. Vamos a ver una que se llama eQSL.

eQSL

Lo primero que deberemos de hacer es teclear en nuestro navegador *www.eqsl.cc*

Nota: Este portal solamente permite el uso de distintivos de Operador Licenciado y SWL. Para CB existen otras, como por ejemplo www.myeqsl.net

Buscaremos un botón que pone "Register", y lógicamente lo pulsamos. Aparecerá entonces una página como la siguiente:

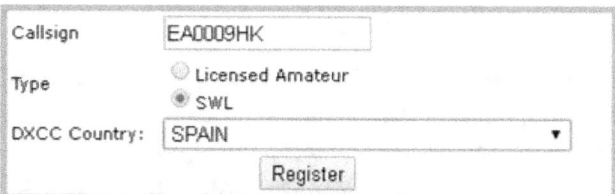

Escribiremos en el recuadro *Callsign* (*Indicativo*) nuestro distintivo de radioescucha.

Seleccionaremos después SWL y elegiremos nuestra entidad de la lista inferior (*DXCC Country*). Pulsando sobre Register, volverá a cambiar la página para aparecer esta:

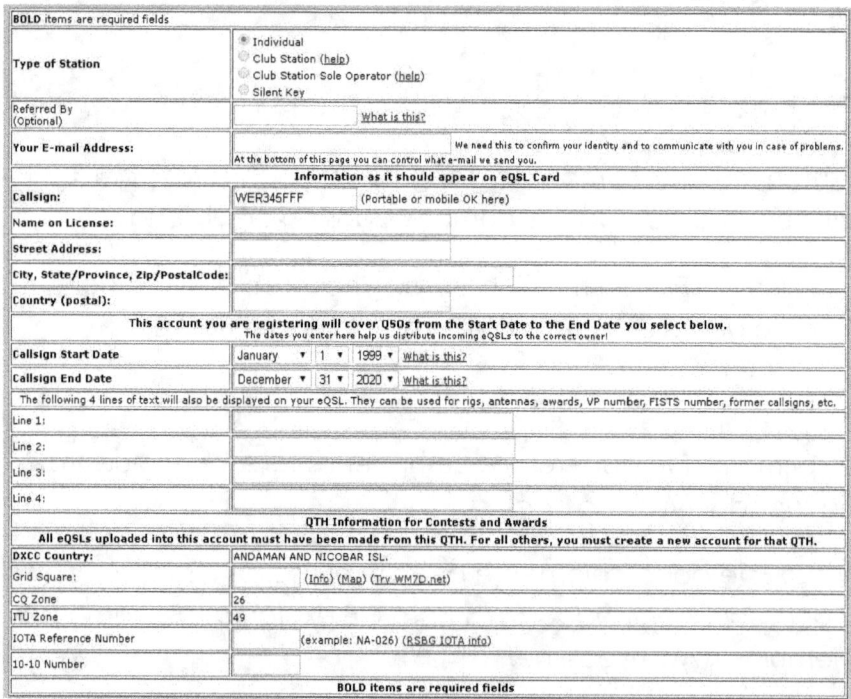

BOLD items are required fields			
Type of Station	○ Individual ○ Club Station (help) ○ Club Station Sole Operator (help) ○ Silent Key		
Referred By (Optional)	What is this?		
Your E-mail Address:	We need this to confirm your identity and to communicate with you in case of problems. At the bottom of this page you can control what e-mail we send you.		
Information as it should appear on eQSL Card			
Callsign:	WER345FFF (Portable or mobile OK here)		
Name on License:			
Street Address:			
City, State/Province, Zip/PostalCode:			
Country (postal):			
This account you are registering will cover QSOs from the Start Date to the End Date you select below. The dates you enter here help us distribute incoming eQSLs to the correct owner!			
Callsign Start Date	January ▼ 1 ▼ 1999 ▼ What is this?		
Callsign End Date	December ▼ 31 ▼ 2020 ▼ What is this?		
The following 4 lines of text will also be displayed on your eQSL. They can be used for rigs, antennas, awards, VP number, FISTS number, former callsigns, etc.			
Line 1:			
Line 2:			
Line 3:			
Line 4:			
QTH Information for Contests and Awards			
All eQSLs uploaded into this account must have been made from this QTH. For all others, you must create a new account for that QTH.			
DXCC Country:	ANDAMAN AND NICOBAR ISL.		
Grid Square:	(Info) (Map) (Try WM7D.net)		
CQ Zone	26		
ITU Zone	49		
IOTA Reference Number	(example: NA-026) (RSBG IOTA info)		
10-10 Number			
BOLD items are required fields			

Rellenaremos los datos que nos pide, o al menos los obligatorios, que son:

- Type of Station (Tipo de estación)
- Your E-mail Address (Dirección de email)
- Callsign: (Tu indicativo de nuevo)
- Name on License: (Tu nombre)
- Street Address: (Dirección de casa)
- City, State/Province, Zip/PostalCode: (Ciudad, Provincia y Código Postal)
- Country (postal): (País, no entidad)

Y el resto lo dejaremos sin rellenar hasta que aprendamos un poco más sobre la radioafición. Más tarde podrás editar tu usuario y entonces rellenarlo.

El caso, volvemos a pulsar sobre Register y nos contará que nos han enviado un email a nuestro correo electrónico, bla bla bla… pero dentro del mensaje hay un código, os enseñaré el que me han enviado a mí.

```
Hi EA0009HK,
I processed the first step of your registration.

In order to prevent others from fraudulently
creating QSL cards using your callsign, you'll
need to return to the eQSL.cc web site, follow the
link for Registration Step 2, and enter the Signup

Code 5128 to continue.

Thanks,

Dave Morris, N5UP
Webmaster
```

Bueno, en realidad he ampliado un poco el código… pero es ese el que me ha llegado.

Ahora toca ver la página en la que nos habíamos quedado.

Bien, pues deberemos de pulsar en Registration Step 2 para ingresar el código junto con nuestro indicativo y una contraseña que elijamos.

Callsign:	
Signup Code: (From the e-mail you received)	
Make up a Password:		(Must be 4 - 14 characters long)

Finish Registration **Having problems with this page?** If you get repeated error messages about the Password, try using this page instead. (The reason is that some browsers apparently have trouble with the Javascript we use.)

Una vez pulsemos sobre Finish Registration nos enviará a una nueva página en la que nos felicitará por unirnos a ellos.

Buscamos por algún lado de la página (Arriba) un enlace que pone Login, pues nada, vamos y escribimos nuestro indicativo y contraseña para entrar.

¿Cómo añadimos un contacto a nuestro libro de guardia en eQSL? Bien, veremos que existe un menú alrededor de una foto de la Tierra, pues pulsaremos, por ejemplo, sobre Inbox.

Entonces sí, ya nos aparecerá el menú completo en parte superior.

Aquí buscaremos el sexto icono, el que tiene un papel con un lápiz encima. Lo pulsamos y aparecerá una ventana como esta.

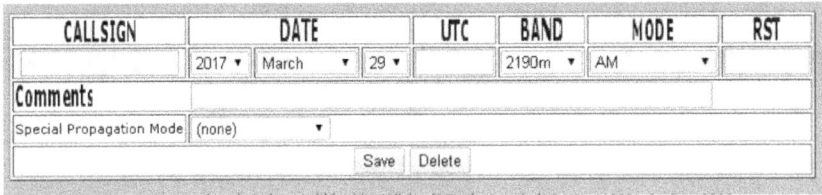

CALLSIGN	DATE			UTC	BAND	MODE	RST
	2017 ▾	March ▾	29 ▾		2190m ▾	AM ▾	
Comments							
Special Propagation Mode	(none) ▾						
			Save Delete				

Rellenaremos los datos que nos pide y podremos añadir además un comentario tipo "Espero poder volver a escucharte, ¡73!".

Guardamos con el botón *Save*. Si la persona que hemos escuchado está registrada en eQSL, nos preguntará si queremos enviarle un email o no para avisarle.

Bueno, ahora volvemos al menú superior y en el quinto botón, el que pone una flecha saliendo de una carpeta, tendremos nuestro libro de guardia.

Aparecerá una serie de opciones como la siguiente.

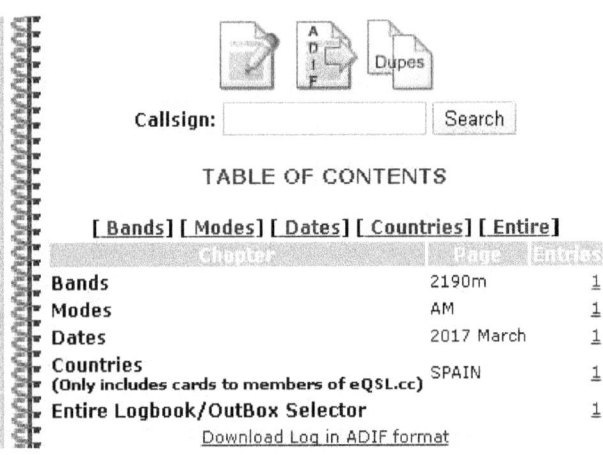

Callsign: [   ] [Search]

TABLE OF CONTENTS

[Bands] [Modes] [Dates] [Countries] [Entire]

Chapter	Page	Entries
Bands	2190m	1
Modes	AM	1
Dates	2017 March	1
Countries (Only includes cards to members of eQSL.cc)	SPAIN	1
Entire Logbook/OutBox Selector		1
Download Log in ADIF format		

Nos dice las escuchas que tenemos guardadas por bandas, modos, fechas... vamos a elegir una, por ejemplo, *Bands*.

Action	Callsign 1st	Date/Time 2nd	Band 3rd	Mode (SubMode)	RST	Comments
LIMITS		-	2190m			
EDIT	EA1IIE	29Mar2017 11:11	2190m	AM	5999	SWL Report SSTV Good Signal and Image

En mi caso, como solamente tenía una entrada (*Entry*) en el libro, me aparece eso de ahí arriba...

¿Pero sabéis una peculiaridad de este portal? Y es que además, si los radioaficionados a los que escuchamos están registrados, podrán confirmarnos nuestro reporte...

Pero antes, voy a explicaros algo sobre confirmaciones.

La confirmación del QSO (Tarjeta QSL)

Cuando hablamos con alguien, hay veces que nos interesa que nos confirmen el comunicado, y para hacerlo usamos las tarjetas QSL, que no son más que postales personalizadas con nuestro indicativo o el de algún radioclub o asociación a la que pertenezcamos.

Vamos a ver como rellenamos una de esas tarjetas QSL

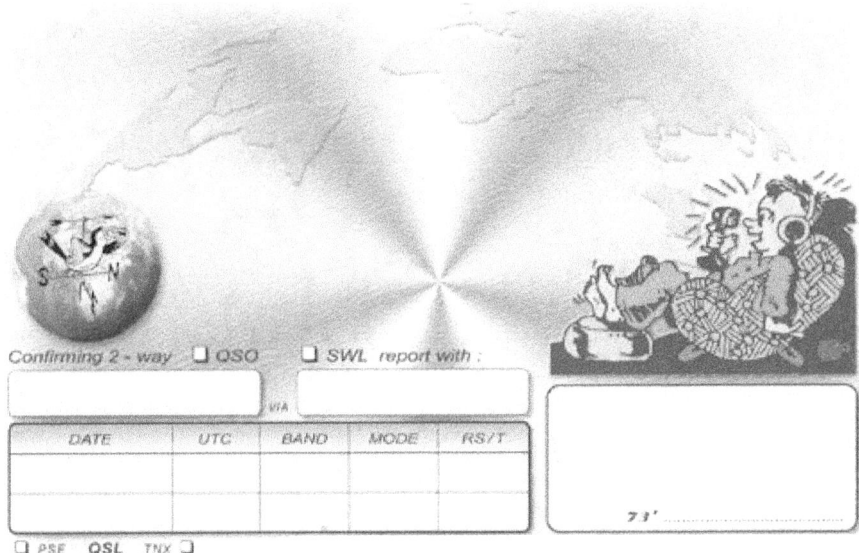

Arriba, y bien grande, ponemos nuestro indicativo. Rellenamos en el cuadro *Confirm* el distintivo de la persona con la que hemos hablado, y en la rejilla de debajo, los datos del QSO.

Pero fíjate que arriba hay dos cuadraditos, uno que pone QSO y otro SWL ¿Hemos hecho un QSO o un reporte SWL? Pues marcamos lo que es.

Ahora debajo vuelve a haber otros dos, pero esta vez pone PSE o TNX (*Por favor o Gracias*). Si nosotros le enviamos la tarjeta primero, pondremos PSE, pero si la recibimos antes de enviarla, le damos las gracias con TNX.

¿Vemos cómo queda una vez rellenada con los datos que habíamos incluido en el *logbook*?

¿Y si en vez de realizar un comunicado resulta que somos, por ejemplo, EA001HK, y quiero enviar una tarjeta de radioescucha?

La diferencia es que arriba he de marcar SWL, y en el recuadro de la derecha a donde pone 30LOM276 tengo que poner el otro indicativo.

Vamos a ver qué bonita quedaría esta tarjeta:

Bueno, también tendríamos que cambiar el comentario, ya que no hemos realizado ningún QSO.

La tarjeta de SWL podríamos enviarla, no solamente a 30LOM276, sino también a 30HK0009 cambiando los indicativos de sitio.

Pues una vez que la hayamos rellenado, sea de QSO o de SWL, la enviaremos, y si cuando el otro reciba la QSL y compruebe en su libro de guardia que los datos son correctos, nos contestará mediante su propia tarjeta, pero marcando la opción TNX.

En cuanto llevéis un tiempo en esto de la radio, os llegarán muchísimas tarjetas, y lo más bonito de todo es poder coleccionarlas y enseñarlas a vuestros amigos.

Pero… ¿Cómo se envían las tarjetas QSL?

Ops… se me había pasado… ahora mismo os lo explico.

Enviar y recibir tarjetas QSL

Existen básicamente tres métodos.

El primero que os explicaré es el *Correo Postal* (Es como el email pero con papel... jajajaja)

Simplemente pediremos a nuestro interlocutor su dirección postal, la dirección de donde vive. Si nos la da, pues nada, la copiamos en un papel, metemos nuestra tarjeta QSL en un sobre, le ponemos un sello y la echamos al buzón.

¿Y si no nos dio tiempo a tomar su dirección postal? Pues en unas páginas os explico cómo encontrarla.

Una vez que la reciba, y si nos confirma el comunicado, él nos enviará la suya a nuestra casa (Por eso es importante poner siempre el remitente en nuestro sobre).

PERO ATENCIÓN: Hay radioaficionados que nos pedirán dinero a cambio de recibir su QSL... Personalmente os digo, no merecen ni que hablemos con ellos por la radio.

Ahora sí, el más usado, es el empleo del *Bureau* de la IARU (*International Amateur Radio Union, o Unión Internacional de Radioaficionados*).

En todo el mundo hay repartidas muchas asociaciones de radioaficionados, y muchas de ellas pertenecen a la IARU. En

España, por ejemplo, es la URE (*Unión de Radioaficionados Españoles*).

Entre estas asociaciones se intercambian cajas y cajas de tarjetas de sus socios, y se las hacen llegar a sus Secciones Locales, que son cientos de oficinas repartidas por todo el país y en donde los miembros pueden recogerlas, y claro, dejar las suyas también.

Existen otras organizaciones internacionales que disponen de Bureaus (Burós) alternativos, como por ejemplo la EURAO, la *Organización Europea de Radioaficionados*, y que en España su representante es la FEDI-EA (*Federación Digital EA*). Pero bueno, a pesar de ser algo más barato, tiene menos socios y menos países a los que enviar tarjetas.

Y ahora el último de los métodos (Bueno, realmente existe otro, y es quedar con nuestro interlocutor y tomarnos un refresco para intercambiar las tarjetas).

Ya que estamos en plena era de la información (Vamos, que tenemos Internet), nos aprovecharemos de ello e intercambiaremos nuestras tarjetas electrónicamente, es decir, mediante la web.

Volvemos ahora a eQSL y esperamos a que nuestro interlocutor nos confirme el reporte que habíamos enviado... El recibirá una tarjeta nuestra como esta

EAØØØ9HK

Daniel Manchado González
Presamu 7
Taruelo
Spain
ITU:37 CQ:14

To: EA1IIE Confirming SWL reception of AM QSO
Date: March 29, 2017 Time: 11:11 UTC
Band: 2190m UR Sigs: 5999
SWL Report SSTV Good Signal and Image an Electronic QSL from eQSL.cc

Es un poco sosa, la verdad...

Pero resulta que es verdad que estaba usando la radio en aquel momento y decide confirmarnos la entrada...

Entonces en nuestro *Inbox* (Segundo icono del menú) tendremos esto:

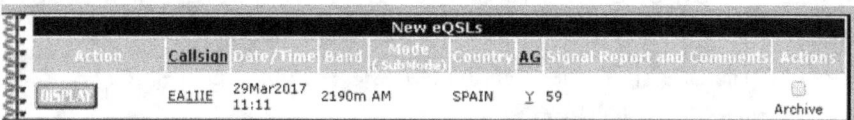

Action	Callsign	Date/Time	Band	Mode (SubMode)	Country	AG	Signal Report and Comments	Actions
DISPLAY	EA1IIE	29Mar2017 11:11	2190m	AM	SPAIN	Y	59	Archive

Nos informa de que nos lo ha confirmado... y para ver su tarjeta QSL electrónica, pulsaremos sobre *Display*.

Cuando se abra una nueva ventana, tendremos ahí nuestra primera QSL recibida por internet.

Para guardarla en nuestro ordenador simplemente hemos de hacer click con el botón derecho del ratón encima de la QSL y pulsar sobre *Guardar Imagen como...*

To: EA0009HK Confirming SWL reception of AM QSO
Date: March 29, 2017 Time: 11:11 UTC
Band: 2190m UR Sigs: 59

¿Y porqué nuestra QSL es tan triste y esta otra mola más?

Deberemos de ir al menú de nuevo y buscar el noveno icono, que cuando pasamos el ratón por encima dice *QSL Design*.

Nada, pues ahí elegís el tipo de tarjeta que queráis, su imagen de fondo, la letra... esas cosas. Tómate un poco de tiempo investigándolo y podrás conseguir diseñar una tarjeta que será la envidia de tus amigotes.

PROBLEMA: Y es que si quieres poner tu propia imagen, como la foto de tu cara, deberás de pagar a eQSL una cuota anual...

Conocer la dirección postal (QRZ.com)

Existen muchos portales en internet que actúan como redes sociales para radioaficionados, por ejemplo QRZCQ, HamQTH, o QRZ.com, que al ser el que más usuarios tiene, es el más empleado.

Aquí deberemos de registrarnos con nuestro distintivo de radioescucha de la siguiente manera:

En la parte de la derecha de la ventana, podremos ver *Don't have a QRZ account?*, y debajo un botón que pulsaremos.

Nos aparecerá después una nueva ventana pidiéndonos que rellenemos un recuadro con nuestro indicativo. Lo hacemos y pulsamos sobre *Continue*, aparecerá ahora una nueva casilla que nos pide el email. Lo introducimos y seguimos para que nos haga una sencilla pregunta a modo de suma. Finalmente pulsamos en *Register*.

Ahora iremos a nuestro correo electrónico y veremos un mensaje enviado por *QRZ Customer Support* en el que existe un enlace sobre el que pulsaremos para terminar el proceso de registro introduciendo una contraseña.

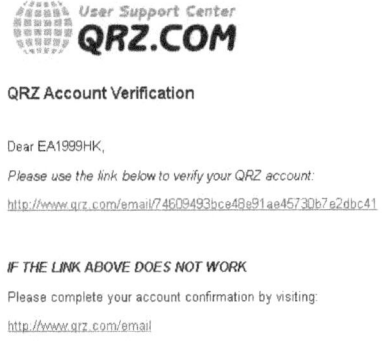

QRZ Account Verification

Dear EA1999HK,

Please use the link below to verify your QRZ account:

http://www.qrz.com/email/74609493bce48e91ae45730b7e2dbc41

IF THE LINK ABOVE DOES NOT WORK

Please complete your account confirmation by visiting:

http://www.qrz.com/email

When asked for your verification code, please use: **FDE-X4F**

73, The QRZ Support Team

Ahora ya podremos iniciar sesión con el indicativo y la contraseña, para buscar el perfil de a radioaficionados de los que deseemos conocer su dirección postal.

13

Construcción de Sencillas Antenas

Habíamos visto que una antena es una parte muy importante de la estación de radio, tanto para transmitir como para recibir. Y que esta ha de estar perfectamente ajustada para no hacer enfermar nuestra emisora y para aumentar la eficacia de la transmisión. ¡Es verdad! No os había dicho que cuanto más alta está la ROE, menos potencia enviará la antena.

Vamos a ver unos pocos modelos de antena, y el primero y más famoso es el *Dipolo de Media Onda*.

Dipolo de Media Onda

Y es que es la antena más sencilla de fabricarse uno mismo, ya que simplemente podremos ir a la ferretería y salir de allí con todo el material necesario para hacérnosla en casa.

Ya os había dicho que la antena hay que calcularla para una determinada banda, y esta primera la haremos para la Banda Ciudadana, para las frecuencias de la primera mitad de los 27 MHz.

Bien, lo primero es tener claro cómo es un dipolo de estos, y realmente es muy sencillo, ya que solamente son dos cables.

Eso sí, necesitaremos algunos materiales más para poder sujetarla, tensarla y ajustar.

Vamos a ver el esquema inicial desde el que partiremos:

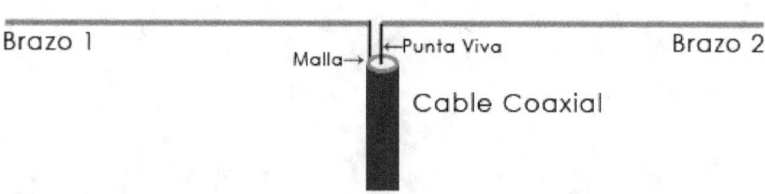

El cable coaxial del que ya habíamos hablado antes tiene una forma cilíndrica, y dentro de él hay dos hilos, uno que va en el centro y se llama *Punta Viva*, y otro que lo envuelve y es como una redecilla metálica que se llama *Malla*.

Bien, pues a cada uno de esos hilos deberemos de conectar unos cables que harán de brazos. Da lo mismo si uno va directo a la malla o el otro, es totalmente indiferente.

¿Qué nos queda por saber? Pues la longitud de cada uno de los brazos. Bueno, realmente, la longitud de uno de ellos, ya que son iguales.

Para eso vamos a emplear una sencillita fórmula, y que es esta:

$$Long = \frac{71.25}{Fz}$$

Donde Long es la longitud de cada uno de los brazos en metros y Fz es la frecuencia en MHz.

Vamos a verlo para saber la longitud de cada brazo de un dipolo de CB. Como sabemos que las frecuencias de la banda van desde 26.965 a 27.405 MHz, buscaremos un punto intermedio, por ejemplo, 27.2 MHz.

$$Long = \frac{71.25}{27.2} = 2.62 \; metros$$

¡Ya lo tenemos! Cada brazo ha de medir eso.

Pero no... lo que vamos a hacer es dejarlos un poco más largos para poder ajustar después la ROE. Por ello, vamos a añadirle a cada uno, unos 20 cm más, quedando entonces en 2.82 metros.

Venga, pues manos a la obra. Vamos a hacer la lista de la compra:

- 6 metros de cable eléctrico de 1.5 mm de sección.
- 1 regleta eléctrica de dos conexiones.
- Cuerda fina no metálica.
- Algún trozo de plástico duro.
- Bridas de plástico finas.
- Cable coaxial RG58 (Los metros que necesites).
- Conector de antena PL259 *macho*.
- Una caña de pescar larga y alambre(Opcional)

Has de darte cuenta que he puesto un modelo de cable coaxial que se llama RG58. Es un cable fino, pero si tenemos uno más ancho que se llama RG213, no pasa nada, puedes usar ese también.

Lo primero que haremos será recortar un trozo de los cuadraros y dos de los ovalados de plástico con la siguiente forma y tamaño.

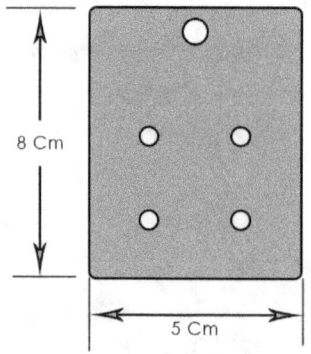 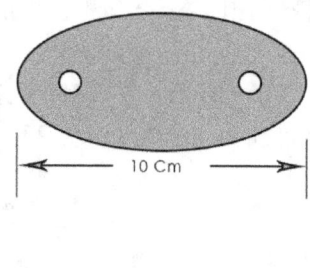

El primero nos servirá para poder montar el centro del dipolo, y los segundos para aislar el cable de la cuerda.

Ahora colocaremos la regleta entre los agujeros del plástico cuadrado y la fijaremos con una brida.

Pelaremos el cable coaxial con mucho cuidado para separar la malla de la punta viva y fijándonos de que ningún hilo queda separado o tocando el otro cable.

Ahora en las conexiones inferiores de la regleta atornillaremos los dos hilos del cable coaxial y fijaremos con dos bridas, tanto la regleta como el cable al trozo de plástico como vemos en la imagen.

Ahora necesitaremos cortar dos trozos de cable eléctrico con la medida que habíamos calculado antes, que era 2.82 metros.

Una vez que estén los dos, los atornillaremos a la parte superior de la regleta, uno a cada conexión, de tal manera que vaya uno a la izquierda y otro a la derecha. Tienes que haber pelado bien el cable unos dos centímetros, pues de lo contrario no hará contacto.

Ahora llega lo divertido...

Vamos a coger los otros dos trozos de plástico ovalados y a cada uno de ellos le pondremos un brazo del dipolo tal como os muestro.

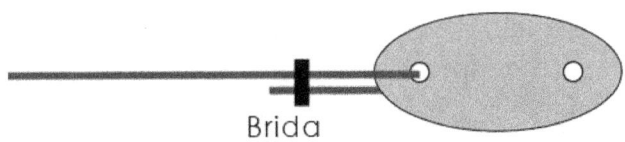

Brida

El cable hemos de pasarlo por uno de los agujeros y darle la vuelta por detrás unos veinte centímetros (Los que habíamos calculado de más) y sujetarlos SIN APRETAR DEMASIADO con una brida, ya que después quizás necesitemos ajustar la longitud de los brazos del dipolo.

¿Os acordáis de que todo tiene que tener una impedancia de 50 Ohmios? Pues nuestro dipolo también, y lo conseguiremos cuando los brazos estén más o menos en un ángulo de 100 ó 120 grados. No te preocupes, para un ajuste fino tenemos esos veinte centímetros de más.

Ahora cortamos dos trozos de cuerda y los atamos a los agujeros de los aislantes que nos habían quedado libres.

AYUDA: Pide ayuda a algún adulto para poder soldar el cable coaxial al conector PL259, ya que si queda mal soldado se puede estropear la emisora... ¡Y puedes quemarte!

Si tenemos caña de pescar, quitaremos el último tramo, el más finito, y con el alambre sujetamos el plástico cuadrado al agujero que nos ha quedado.

En caso de no disponer de caña, buscaremos un árbol y ataremos otro trozo de cuerda al agujero superior del plástico cuadrado.

Al final es buscarnos un sitio o material que nos pueda servir para montar la antena ya terminada de la siguiente manera.

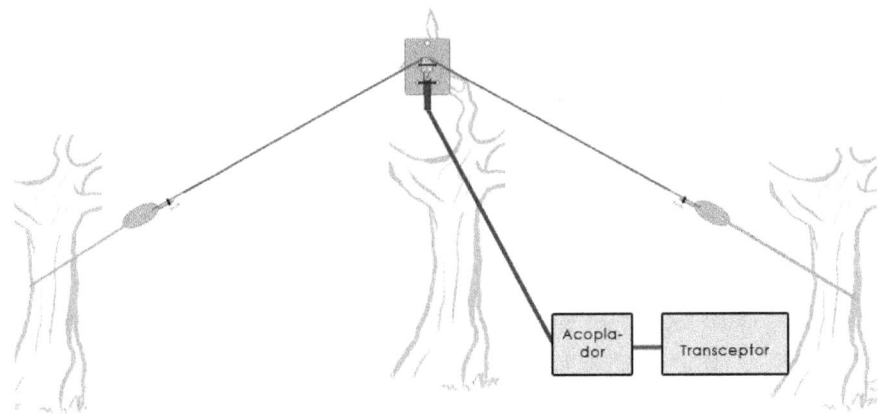

Pues ahora solamente nos quedará ajustarla para poder comenzar a transmitir con todos esos códigos y lenguajes que habíamos visto.

Para ello mediremos la ROE. Si nos da 1.5 o menos, perfecto, no toquemos nada, está ajustada. Pero si nos da más, vamos a seguir un sencillo proceso:

-   Alargamos el cable en los dos lados (Por eso os había dicho que no lo apretarais demasiado).
-   Volvemos a medir la ROE.
-   Si da MÁS ALTO, acortaremos el cable.
-   Si da MÁS BAJO, alargaremos un poquito más.
-   Y si da 1.5 o MENOS… no toquéis nada.

E iremos repitiendo el proceso hasta que consigamos tener nuestro *Dipolo de Media Onda* perfectamente ajustado.

Algunas personas recomiendan colocar entre el cable coaxial y los brazos del dipolo un aparato que se llama *Balun…*

El Balun 1:1

El Balun (Del inglés *Balanced-Unbalanced, Balanceado-No Balanceado*) es una especie de adaptador de impedancias.

Hay veces que nuestra antena no tiene esos 50 ohmios de impedancia, entonces usaremos uno de estos para conseguirlo.

¿Te fijas que pone 1:1? Eso significa que la impedancia de un lado es la misma que la del otro (El lado que va a los brazos y el lado que va al cable). Si pusiera, por ejemplo, que es un balun 1:4, sería que de un lado tendría cuatro veces más impedancia que del otro, es decir, en un lado habría 50 ohmios y en el otro 200.

Pero también nos servirá para otra cosa más, y es que a veces se produce un efecto desagradable en el cable coaxial que hace que existan unas cosas que se llaman corrientes parásitas. Con el balun desaparecen.

Por eso, aunque tengamos ajustado el dipolo, sería mejor añadirlo... por si acaso.

Para fabricarnos nuestro balun 1:1 necesitaremos el siguiente material:

- Cable eléctrico de 3 colores.
- Caja de conexiones eléctricas.
- Conector PL259 hembra de panel.
- Toroide T106-2 ó T130-2 ó 157-2 ó T200-2
- Conectores banana hembra de panel.
- Alcayata cerrada roscada y tornillos.

Aquí la lista se complica un poco... es más, quizás para el toroide ese necesitemos pedirlo por internet.

¿Qué no os he explicado qué es un *Toroide*? Vaya...

Pues resulta que es un chisme que tiene forma de toroide, es decir, parecido a un anillo, y está hecho de acero mezclado con otras cosas para conseguir tener unas propiedades especiales con las ondas.

Con ellos se fabrican componentes internos de las emisoras que se llaman bobinas, pero también podremos integrarlos en las antenas.

¿Veis que pongo cuatro tipos de toroides diferentes? Dentro de un momento os explicaré como elegir el que necesitéis.

⚠️ **AYUDA**: Pide ayuda a algún adulto para soldar... recuerda que te puedes quemar...

Vamos a necesitar cortar esos tres cables de colores diferentes y colocarlos juntos, que hagan una forma plana. Después los enrollaremos tal como vemos en el diagrama:

- Si el toroide es T106-2 ó T157-2, pues 16 vueltas.
- Si el toroide es T30-2, pues 18 vueltas.
- Si el toroide es T200-2, pues 17 vueltas.

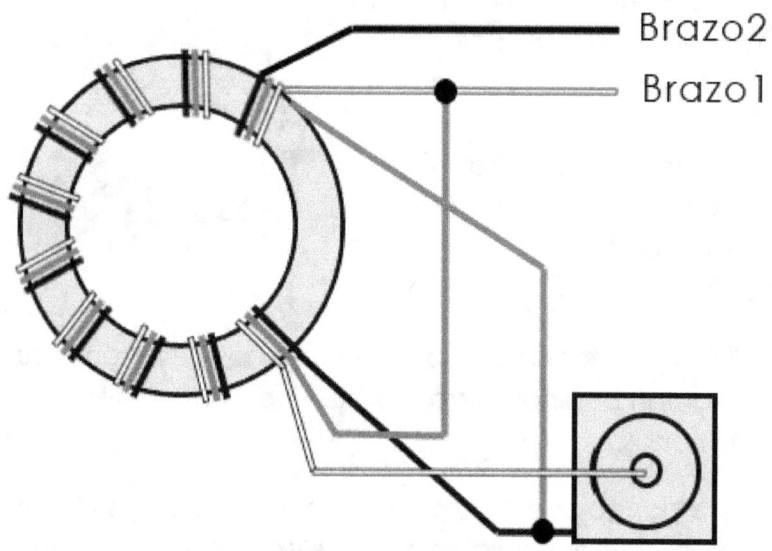

Brazo2
Brazo1

Ahora con cuidado, ve soldando los cables al conector PL259 y a los conectores banana. Fíjate que el cable gris se une al blanco en la banana del brazo 1, y el negro del otro lado, también al gris en la malla del conector PL.

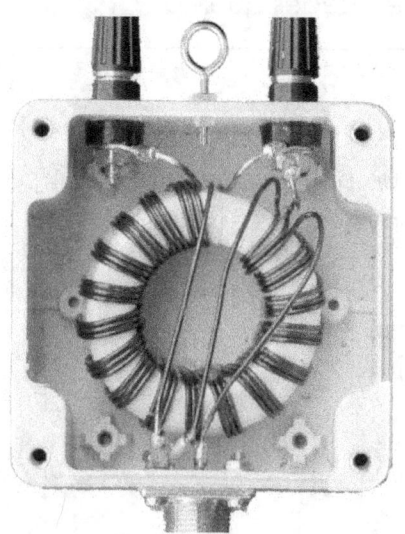

Una vez que lo tengas ya soldado y perfectamente sujeto, hemos de montarlo en la caja de conexiones eléctricas.

Puedes guiarte de cómo hacerlo con la fotografía de aquí al lado.

Lo que no os había dicho es para que os pongo distintos tipos de toroide, y es que dependiendo de él, la potencia que aguante el balun será diferente,

Toroide	Potencia
T106-2	100W
T130-2	150W
T157-2	250W
T200-2	400W
T400-2	1000W

Este último no os lo había incluido en la lista, pero sabed que también se puede construir con él dando solamente 14 vueltas con los tres hilos.

La forma de conectar el balun sería prácticamente igual que sin él, lo único, en vez de emplear una regleta eléctrica, usaremos el balun como soporte para los brazos del dipolo. Lógicamente, la alcayata redonda servirá para atar una cuerda y subirlo a un árbol, caña de pescar o mástil.

Pero vamos fabricarnos otra antenita... esta vez Multibanda (Que nos sirve para muchas bandas), ya que nos servirá para conectar un receptor de onda corta y comenzar a realizar reportes de radioescucha.

Antena Multibanda de Hilo Largo

Como ya sabemos construir un balun, vamos a fabricarnos ahora una antena muy sencilla, y que además, podría emitir en más de una banda de radioaficionados: *La Antena de Hilo Largo*.

Vamos a ver un poco de teoría primero. ¿Recuerdas que si ponemos el dipolo de media onda en una especie de V *invertida* teníamos una impedancia de 50 ohmios? Pues en esta tendremos esa impedancia en torno a los... ¡450 ohmios!

Y es aquí cuando nos entra en juego nuestro amigo el balun (En realidad un Unun (Unbalanced-Unbalanced), ya que necesitaremos adaptar esos 450 ohmios para nuestros equipos de 50. Usaremos uno de relación 1:9, es decir, 450/9, que son los 50 requeridos.

Vamos a ver la lista de material:

- 1 Un toroide T200-2
- 3 Cable de 3 colores para el Unun
- 1 Conector PL259 hembra de panel.
- 2 Bananas hembra de panel (Distinto color)
- 1 Alcayata redonda, cerrada, roscada y sus tuercas.
- 1 Caja de conexiones eléctricas.
- 16.2 metros de cable eléctrico de 1,5mm de sección.
- 1 Aislador (Nos lo podemos fabricar nosotros).

Bien, pues lo primero es construir ese unun, lo montamos y soldamos según el siguiente diagrama:

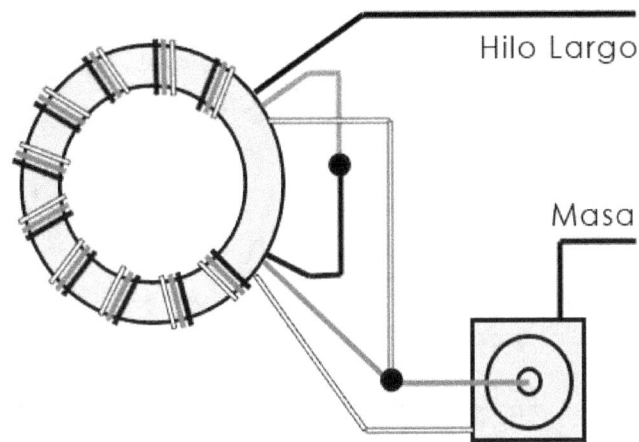

Hilo Largo

Masa

Hemos de dar 9 vueltas con los tres hilos de colores perfectamente paralelos (Juntos, sin que se monten unos en otros).

Fijaos que el cable negro inferior se une directamente al gris de la parte superior, y que desde la punta viva del conector PL259 sale el gris inferior y el blanco superior.

Otra cosa, ¿Veis que he añadido un cable desde la malla del conector PL259? Pues a él le pondremos la segunda banana (Os recomiendo el color negro). La otra banana irá al cable que pone *Hilo Largo* (De otro color, cualquiera).

Ahora simplemente deberemos de instalarla en donde podamos, y esto es mejor cuanto más separada del suelo se encuentre.

Vamos a ver cómo la conectaríamos.

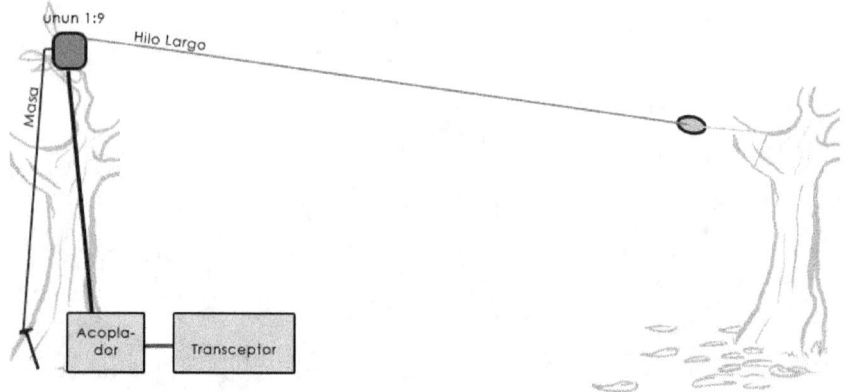

Ahora fijaos un momento en un detalle… ¿Veis que la banana que habíamos llamado Masa la conecté a una piqueta metálica en el suelo? Bien, pues eso nos servirá para mejorar el rendimiento del hilo largo.

En el caso de instalarla en casa, podríais unirla a un radiador metálico, a la bajada de un canalón (También metálico)… pero eso sí, siempre en donde no esté pintado. Tiene que verse el metal.

Por otro lado, veréis que no tiene complicación alguna, pues simplemente es un hilo y un unun de 1:9.

Ahora… ¿Qué os parece si construimos una antena más pequeña?

Vamos a calcular una antena *balconera*…

Antena Balconera para CB

Bueno, realmente no es que la vayamos a fabricar directamente, pues lo que vamos a hacer es adaptar una de coche para poder emplearla en nuestra casa y colocarla en un balcón o ventana.

Aquí requeriremos la ayuda de un adulto siempre por dos razones:

- Es muy peligroso instalar una antena en la ventana.
- Nos necesita cortar y taladrar una pieza metálica.

Bueno, pues vamos a allá, y lo primero, la lista de la compra:

- 2 Conectores PL259 hembra de panel.
- Placa metálica de tamaño 5x20 cm.
- 2 Bridas metálicas.
- Bridas de plástico.
- 5 metros de cable eléctrico de 1 mm de sección.
- 1 Vara de plástico.
- 1 Antena de CB móvil.

Ahora, lo siguiente, es decir que un adulto nos fabrique una placa como la que os muestro en la siguiente imagen.

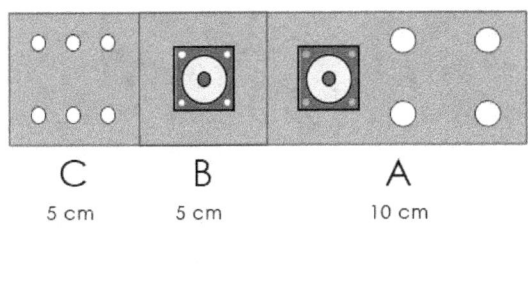

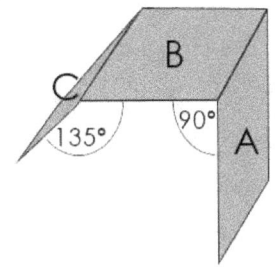

En la lista os puse una vara de plástico, pues bien, ha de medir lo mismo o un poco más, que lo que mida la antena que vayamos a emplear.

Como ejemplos de esa vara, podría ser una de esas varillas que se emplean en tiendas de campaña, o incluso un trozo de caña de bambú de las que venden para jardines y vienen plastificadas. ¡La imaginación al poder!

Ahora en la vara enrollaremos el cable eléctrico de modo que más o menos queden repartidas por toda su longitud las espiras.

Para sujetar el cable y que no se nos mueva, podremos colocarle unas bridas de plástico por el recorrido, forrarla con cinta aislante… lo dicho… imaginación.

Pero en uno de los extremos hemos de dejar unos 10 cm de cable sin enrollar, ya que lo pelaremos para poder conectarlo según el siguiente diagrama:

Cable de la vara

PL259 en la placa B   PL259 en la placa A

Habéis de fijaros que no conecto las mallas de los conectores, ya que la propia placa en la que van montados hace de conductora.

Por otro lado, a la vez que se atornilla el PL259 de la placa B, podremos *enganchar* allí el cable de la vara y así lo evitamos soldar.

Pues ahora solamente nos queda fijar la vara mediante brida de plástico a los agujeros de la placa C y conectar la antena en el PL259 de la placa B. El de la placa A lo emplearemos para conectar un cable coaxial tipo latiguillo a nuestra emisora o acoplador.

¡Ah! Es verdad, se me olvidaba deciros que los agujeros de la placa A son para fijar el montaje en una barandilla del balcón (o la barra de las macetas) mediante las bridas metálicas, ya que son algo más seguras que las de plástico.

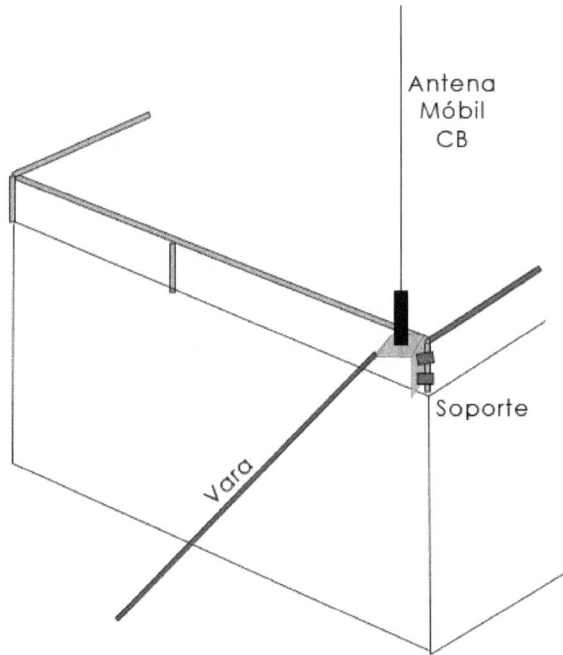

Pues decidme si no es molona esta antena, y claro, así podremos montarla en cualquier ventana o balcón.

14

Un poco de Geografía

Me imagino que en clase de Ciencias Sociales ya os habrán explicado lo de los países y los continentes... Pues ahora yo os explicaré otras divisiones más que empleamos en la radio.

Regiones IARU

La primera y más sencilla, son las regiones de la IARU (La organización esa internacional), ya que dependiendo de una u otra zona, las frecuencias asignadas a la radioafición cambian.

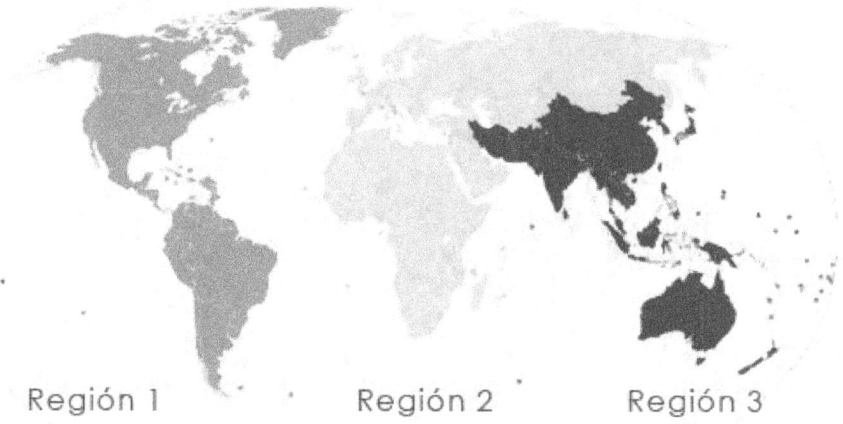

Región 1   Región 2   Región 3

La región 1 está compuesta por América del Norte, del Sur y sus islas más cercanas.

La región 2, por Europa, África y el norte de Asia, así como por sus islas.

Y por último, la región 3 por el resto de Asia y Oceanía.

Las zonas CQ

Existe una revista norteamericana muy importante que se llama CQ Radioamateur, y hace unos años (Bastantes), definió una serie de zonas en el mundo.

Se emplean para concursos y diplomas (¿Aún no os he hablado de ellos?... Hay que solucionarlo), y muchísimas veces, los radioaficionados incluimos estos datos en nuestra tarjeta QSL.

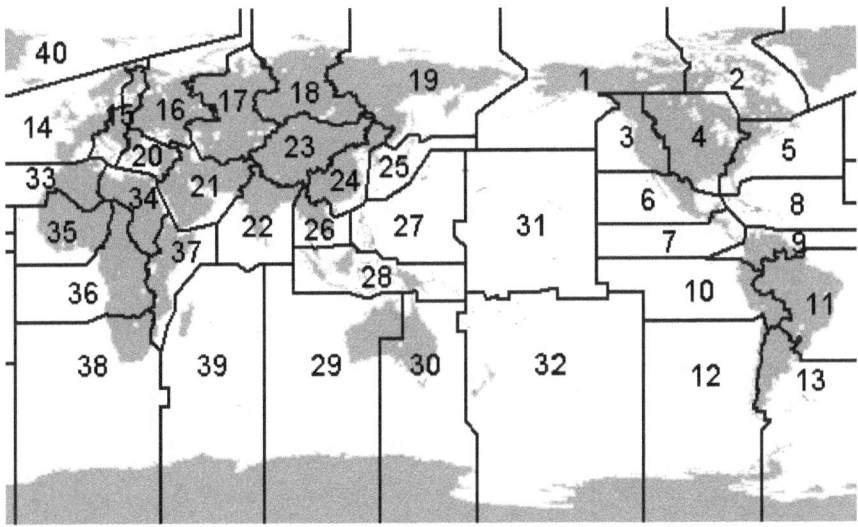

Como podrás observar, cada zona engloba varios países o no. Por ejemplo, Francia, España, Portugal y otros, están en la zona CQ 14, pero Rusia tiene la 17, 18 y 19...

Las zonas ITU

El sistema de división de la ITU cambia un poco sobre la de las zonas CQ.

El mundo lo han dividido en 89 zonas, y como la anterior, es uno de los datos que solemos incluir en nuestras tarjetas QSL.

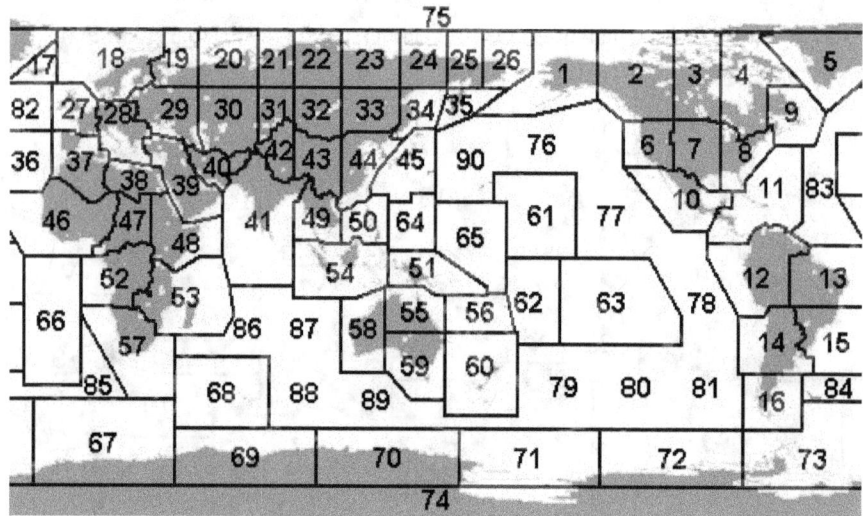

Comprobarás que aquí también sucede lo que en la anterior división, pues hay países que comparten zona y otros que tienen muchas para ellos solitos...

Ahora, y para terminar el capítulo, os explicaré el método más usado para localización en el mundo de la radio: El *Maidenhead Locator*.

Maidenhead Locator

Aquí os voy a contar una pequeña historia, pues lo merece y es muy interesante.

En 1980, en Inglaterra, los radioaficionados buscaban un método para ubicar un punto en el planeta que fuera sencillo y corto, ya que las coordenadas geográficas eran demasiado largas para ser transmitidas por radio.

Apareció por allí el Doctor John Morris, de indicativo G4ANB y planteó este sistema. Vieron que era tan bueno que finalmente decidieron aceptarlo sin condiciones.

¿Y por qué es tan bueno? Pues transmitiendo únicamente 6 números y letras, podemos tener una buena aproximación en el mapa.

Esos 6 números o letras se dividen en tres grupos, siendo el primero siempre dos letras.

Cogemos el mundo y lo dividimos en cuadros, 18 verticales y 18 horizontales. Los vamos a llamar por letras, empezando primero por las que van de Oeste a Este (Longitud) desde la A hasta la R.

Volvemos a hacer lo mismo con los cuadros que van desde el Sur al Norte (Latitud), y como antes, las nombramos por letras desde la A hasta la R.

Como verás en la página siguiente, el recuadro más al Suroeste se llama AA, y el que está más al Noreste, RR.

¿Sabes decirme en que cuadro (o cuadros) ves a España?

¡Ah! También llamamos a este sistema QTH Locator, o Grid...

A	B	C	D	E	F	G	H	I	J	K	L	M	N	O	P	Q	R
AR	BR	CR	DR	ER	FR	GR	HR	IR	JR	KR	LR	MR	NR	OR	PR	QR	RR
AQ	BQ	CQ	DQ	EQ	FQ	GQ	HQ	IQ	JQ	KQ	LQ	MQ	NQ	OQ	PQ	QQ	RQ
AP	BP	CP	DP	EP	FP	GP	HP	IP	JP	KP	LP	MP	NP	OP	PP	QP	RP
AO	BO	CO	DO	EO	FO	GO	HO	IO	JO	KO	LO	MO	NO	OO	PO	QO	RO
AN	BN	CN	DN	EN	FN	GN	HN	IN	JN	KN	LN	MN	NN	ON	PN	QN	RN
AM	BM	CM	DM	EM	FM	GM	HM	IM	JM	KM	LM	MM	NM	OM	PM	QM	RM
AL	BL	CL	DL	EL	FL	GL	HL	IL	JL	KL	LL	ML	NL	OL	PL	QL	RL
AK	BK	CK	DK	EK	FK	GK	HK	IK	JK	KK	LK	MK	NK	OK	PK	QK	RK
AJ	BJ	CJ	DJ	EJ	FJ	GJ	HJ	IJ	JJ	KJ	LJ	MJ	NJ	OJ	PJ	QJ	RJ
AI	BI	CI	DI	EI	FI	GI	HI	II	JI	KI	LI	MI	NI	OI	PI	QI	RI
AH	BH	CH	DH	EH	FH	GH	HH	IH	JH	KH	LH	MH	NH	OH	PH	QH	RH
AG	BG	CG	DG	EG	FG	GG	HG	IG	JG	KG	LG	MG	NG	OG	PG	QG	RG
AF	BF	CF	DF	EF	FF	GF	HF	IF	JF	KF	LF	MF	NF	OF	PF	QF	RF
AE	BE	CE	DE	EE	FE	GE	HE	IE	JE	KE	LE	ME	NE	OE	PE	QE	RE
AD	BD	CD	DD	ED	FD	GD	HD	ID	JD	KD	LD	MD	ND	OD	PD	QD	RD
AC	BC	CC	DC	EC	FC	GC	HC	IC	JC	KC	LC	MC	NC	OC	PC	QC	RC
AB	BB	CB	DB	EB	FB	GB	HB	IB	JB	KB	LB	MB	NB	OB	PB	QB	RB
AA	BA	CA	DA	EA	FA	GA	HA	IA	JA	KA	LA	MA	NA	OA	PA	QA	RA

Ahora bien, vamos a volver a dividir uno de esos cuadros otra vez en más cuadraditos. Esta vez serán 10 verticales y 10 horizontales.

Como antes los llamaremos primero por Longitud (Oeste a Este) desde el 0 hasta el 9, y después por Latitud (Sur a Norte) también desde 0 a 9.

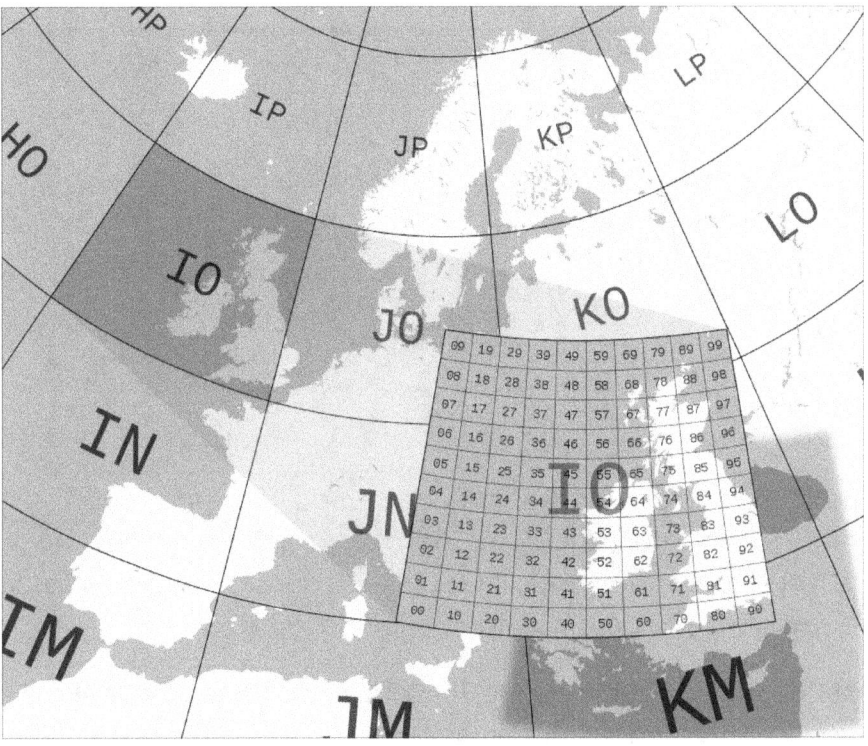

En la imagen tenemos el ejemplo de la cuadrícula IO y de cómo se divide en otras 100, siendo la que más al Suroeste está la IO00, y la que más al Noreste la IO99.

¿Veis que siempre pongo las dos primeras letras antes que los números? Es para saber a qué cuadrícula pertenecen los números que digo justo después.

Pero… vamos a volver a dividir…

Esta vez volvemos a las letras, pero esta vez, en vez de 18 cuadrículas, lo haremos en 24. De este modo, comenzaremos igualmente por la letra A, pero terminaremos en la X.

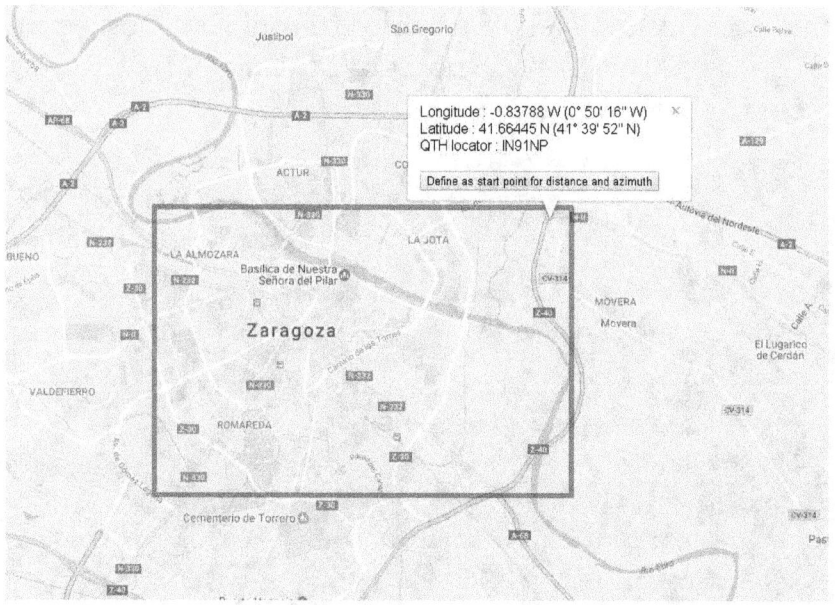

En la imagen os muestro una captura de la página web *http://qthlocator.free.fr/index.php* en la que podremos navegar por los mapas de Google buscando nuestro *Locator*, que al final es como casi todo el mundo lo llamamos.

Por cierto, ya sabemos que Zaragoza capital se encuentra casi toda ella en la cuadrícula IN91NP.

15

Propagaciones

De una cosa muy importante que aún no os he hablado, es sobre la distancia que recorren las ondas. Y es que las ondas de radio, al igual que las ondas del agua, tienen una vida...

Realmente, y a nivel teórico hablando, una onda electromagnética nunca desaparece, sino que cada vez se vuelve más y más débil, pero no llega a dejar de existir. Otra cosa es la práctica, ya que la humanidad aún no ha llegado a inventar un receptor tan bueno que detecte esas ondas tan pequeñas.

Por lo tanto, podemos decir lo siguiente: Una onda de radio dura hasta que se encuentra un obstáculo lo suficientemente denso (sólido) para frenarla.

Claro está que todo depende de la longitud de onda, ya que cuanto más largas sean, más fáciles de frenar son. Me explico. Vamos a imaginarnos que jugamos con una linterna. Ahora apuntamos con ella a la pared y vemos su rastro, que será como un círculo iluminado.

Si ponemos la mano delante, la luz no pasará por ella, y tendremos una bonita sombra chinesca en la pared. Pero si por el contrario ponemos un cacho de plástico trasparente delante, quizás se deforme un poco el círculo iluminado, pero la luz seguirá pasando.

Con esto quiero contaros que dependiendo del material con el que choque la onda, podrá pasar o no.

Pero además, como la Tierra es esférica, las ondas que enviemos desde nuestra antena tendrán como máximo lo que sean capaces de alcanzar hasta que la propia Tierra no las deje pasar.

En la imagen de aquí al lado podemos ver una antena (Un poco exagerado su tamaño) que transmite sus ondas desde Alemania. Pues bien, la curvatura de la Tierra las elimina cuando intentan llegar al continente americano…

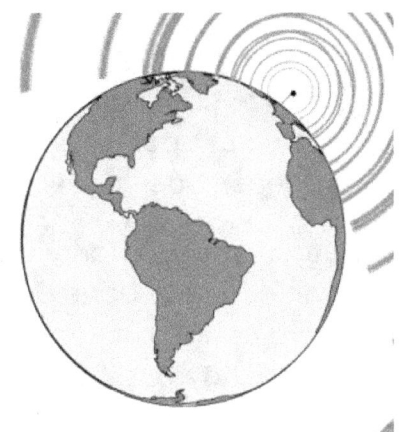

Es una faena, lo sé. Pero vamos a ver cómo podríamos hacer para que esas ondas consigan llegar a otros puntos del planeta.

Propagación Ionosférica

Las frecuencias que se encuentran por debajo de 30 MHz (O incluso más) tienen una reacción un tanto extraña con una capa que hay alrededor de la Tierra, la *Ionosfera* (Con i, no con L). Y es que dependiendo de la frecuencia y de lo contento o triste que esté el Sol (¡Siiii!), las ondas rebotarán en ella y volverán de nuevo al suelo.

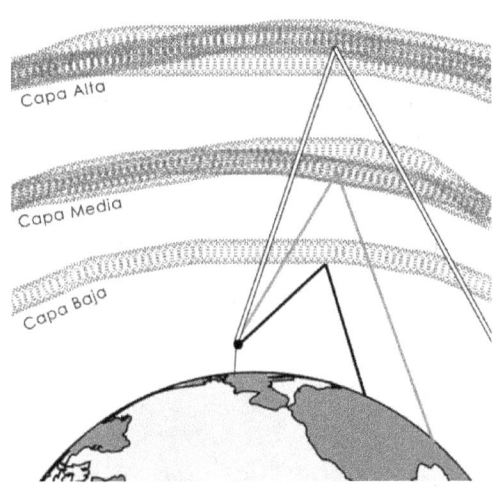

Pero eso no es todo, ya que dentro de la Ionosfera existen varias capas a distintas alturas, y si calculamos la frecuencia para la distinta capa, podremos hacer que nuestras ondas reboten más cerca o más lejos.

Pero hay más… ya que dependiendo del tipo

suelo o agua en la que rebote la onda de nuevo en la Tierra, esta podrá volver a dispararse de nuevo hacia la Ionosfera, y de allí… otra vez abajo, y arriba… abajo… arriba.., ¡Menudo mareo se tienen que coger!

Y es que con este *rebotante* efecto, podremos conseguir hablar con cualquier parte del mundo. Pero ojo, y os lo repito: La Ionosfera podrá o no rebotar las ondas dependiendo del Sol… y es que hay veces que nuestra estrella actúa sobre la Ionosfera para bien, y otras veces que no hace nada y las ondas pasarán por la capa como si fuera luz a través de un plástico transparente.

¿Cómo hacemos para elegir la capa en la que queremos que rebote la señal de radio?

Tenemos que tener en cuenta una cosa, y es que si es de día o de noche, las capas cambian.

De día, cuanto mayor sea la frecuencia, en una capa más alta rebotarán las ondas (Si el Sol hizo su trabajo…).

Por ejemplo, para hablar con países que estén muy lejos, usaría mi emisora en la banda de 10 metros, pero para hablar con Albacete, iría a la de 40 metros.

Por la noche, las capas altas hacen que reboten frecuencias más bajas, por lo tanto, si quiero hablar con las Américas a las 4 de la madrugada, simplemente deberé de usar la banda de 40 metros, por ejemplo.

¿Pero qué pasa si no quiero hablar tan lejos? Pues tenemos otras opciones, como por ejemplo la *Repetición* de las ondas.

Repetición

Y me repito, me repito, me repito... ¡Jejeje! Es broma.

Vamos a imaginarnos que vivo en Madrid y que tengo un amigo en Segovia con el que quiero hablar por la radio.

Como en medio tengo la Sierra, las ondas se quedarían ahí por culpa de las montañas.

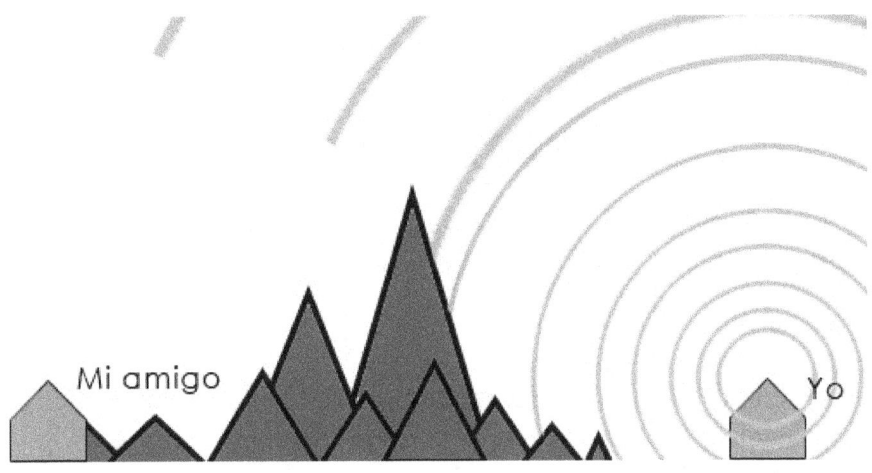

¿Ves cómo no le llegan?

Pero ¿Ves algún sitio en el que mis ondas llegan y mi amigo es capaz de verlas?

¡Claro! El punto más alto de la montaña.

Pues vamos a hacer una cosa. Vamos a pedirle a algún inventor que nos fabrique un aparato que sea capaz de escuchar mis ondas y que las vuelva a transmitir desde lo más alto del pico... Ummm... pues me dice que ese invento ya existe, y que se llama *Repetidor*.

Al parecer, si colocamos un repetidor en lo más alto, la señal que le llega la vuelve a emitir exactamente como la recibe.

Vamos a verlo en este dibujo que me ha pasado:

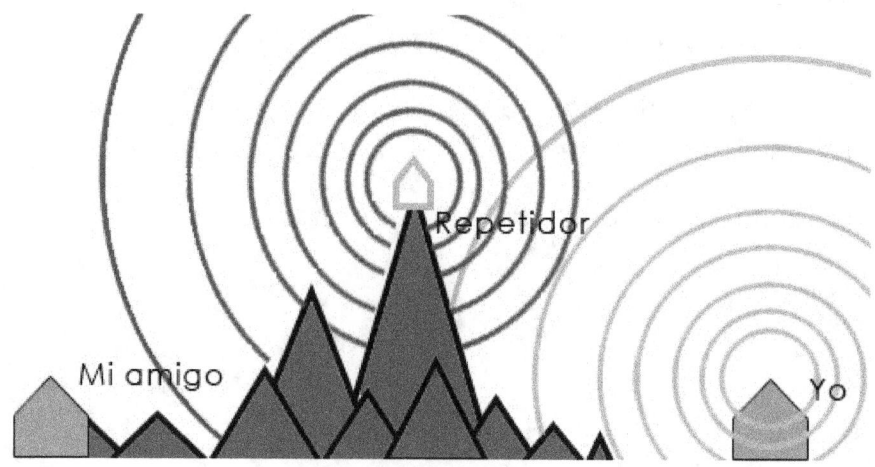

Pero eso no es todo, pues al parecer las repite con más fuerza, con más potencia.

Pues vamos a ver cómo funciona uno de estos.

Normalmente están en las bandas de 2 metros o de 70 centímetros, aunque a veces los hay en otras. Y usan dos frecuencias, una para recibir y otra para transmitir.

En la banda de 2M suelen ser 600 KHz menos, y en la de 70CM, pues 7600 Khz la que recibe que la que transmite.

Por ejemplo, existen repetidores que transmiten en 145.650 MHz, pero reciben en 145.050 en la banda de dos metros.

Por lo tanto, nuestra emisora deberá de transmitir en 145.050 MHz y recibir en 145.650.

Existen unos tipos de emisora portátiles que se llaman *Walky Talky*, (Algo así como *Andar y Hablar*), y que se pueden configurar para estos menesteres. Ojo, también las emisoras...

Rebote Lunar

O *EME* por las siglas en inglés *Earth-Moon-Earth (Tierra-Luna-Tierra)*, ya que la Luna, aparte de ser bonita, es una esfera muy metálica y eso hace que las ondas de radio reboten en ella para que vuelvan de nuevo a la Tierra.

¿Conseguiremos llegar lejos? Pues tanto como las personas que reciban nuestra señal puedan ver la Luna, que viene a ser más o menos, a nivel de continente.

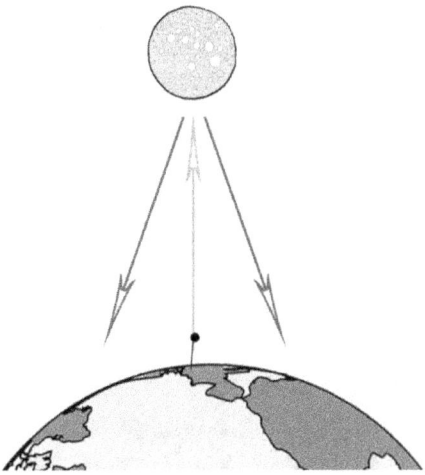

Esta práctica se desarrolla sobre todo en la banda de 2 metros, y dentro de esta, en *CW* y en *Modos Digitales* (Que veremos dentro de muy poquito).

Para apuntar hacia la Luna empleamos un tipo de antena que se llama Yagi, que es el apellido de su inventor. Esta antena permite, tanto en la recepción como en la transmisión, dirigir las ondas hacia un punto o recibirlas solamente (O casi) desde el mismo.

Además, también se emplean unos *aparatejos* que se ponen en el mástil o torre donde tengamos las antenas que se llaman *Rotores*, y sirven para no tener que subir al tejado de casa cada vez que queramos apuntar hacia un lado u otro.

Los hay de dos tipos. Los que apuntan en dirección (*Azimut*) y los que también lo hacen en *Elevación*.

En esta imagen tenemos un rotor sencillo de azimut y una caja que nos sirve de control para dirigirlo.

Y justo debajo tenemos una antena Yagi de dos bandas, una para 2 M(VHF) y otra para 70 CM (UHF). Pero esta es más específica para comunicarnos mediante Satélites... ¿NO? Ahora mismito os lo explico.

Satélites Artificiales

Y es que aprovechando que las señales de radio suben al cielo, qué mejor que repetirlas desde lo más alto…

Esto se consigue mediante *Satélites Artificiales*, ya que cuando orbitan la Tierra (Dan vueltas a su alrededor), se pueden equipar con uno de esos aparatos repetidores.

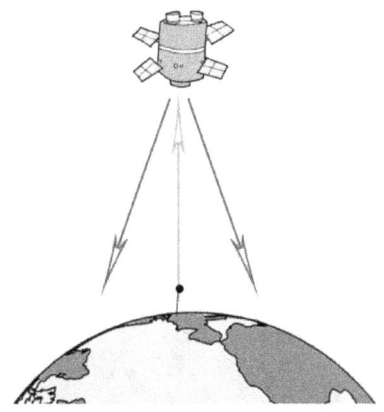

La gran mayoría de ellos funcionan en una cosa que se llama Banda Cruzada, es decir, nosotros emitimos, por ejemplo, en 2M, y recibimos la señal en 70CM. Es por ello que la antena Yagi de la página anterior tenía integradas dos bandas, una para recibir y otra para emitir.

Otra cosa que tenemos que tener en cuenta es que no están casi quietos, como lo estaba la Luna, entonces aquí es muy importante estar siguiéndolos, ya que apenas tendremos unos minutos desde que sale por el horizonte hasta que se vuele a esconder. Por ello es necesario es uso de rotores conectados a un ordenador para que automáticamente la antena esté apuntando hacia él.

Otra opción es la de la fotografía, ya que podremos seguirlo a mano… un poquito más complicado, pero igualmente eficaz.

Y para terminar con los satélites, quería comentaros que existe uno muy especial, y es que es el único en el que hay vida (Que sepamos) fuera de la Tierra: La *ISS* (*International Space Station*, o *Estación Espacial Internacional*).

La ISS lleva integrados algunos repetidores para ser usados por los radioaficionados, pero también Balizas (Unos aparatos que solamente emiten y sirven para darnos su posición) y una estación de radio amateur (Vamos, para radioaficionados).

Con ella los astronautas se comunican con la Tierra en su tiempo libre, y normalmente avisan de cuando van a usarla para que todos los terrícolas estemos atentos para comunicarnos con ellos.

En la fotografía podemos ver a Doug Wheelock, KF5BOC operando la emisora que llevan a bordo. (¡No les hace falta una silla!)

16

Modos Digitales

Hasta ahora habíamos visto que por la emisora podíamos hablar (O como se dice correctamente, usar *Fonía*) o comunicarnos mediante *CW*, el Morse.

Pues existe otro método más, y es conectando nuestro ordenador a la estación de radio y después comunicarnos escribiendo... *Chatear*, vamos.

A este sistema lo llamamos *Comunicación Digital, Modos Generados por Máquinas* o *Modos Digitales*.

Para ello necesitaremos un cable especial con el que conectar todo. Se venden específicos para cada modelo de equipo, aunque como todo en la radioafición, también podemos construirlo nosotros.

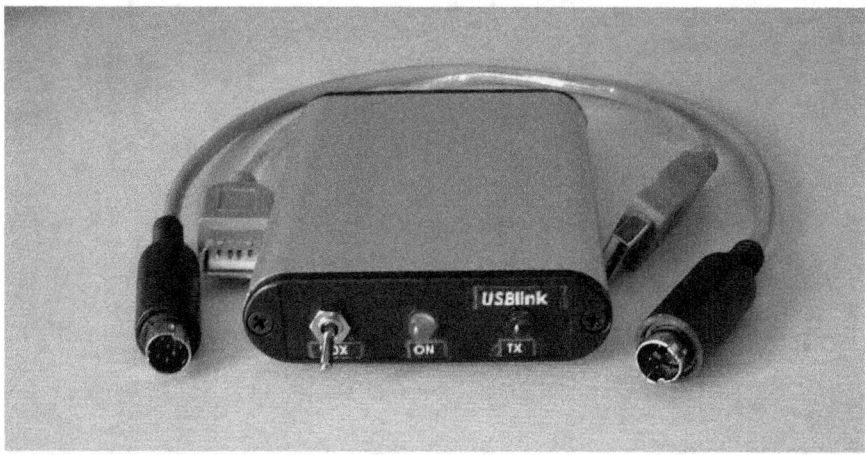

La conexión es sencilla, pero como os comentaba, cada emisora tendrá su conector propio, o incluso, adaptar la entrada de micrófono y salida de altavoz para las que no lo tienen.

Pero en general es la conexión que os muestro en la página siguiente. La conexión CAT (Para el control del equipo mediante el ordenador) es opcional pero recomendada en los transceptores que lo tengan. Para otros podríamos fabricarnos o comprar un *activador* del PTT por el puerto USB del ordenador.

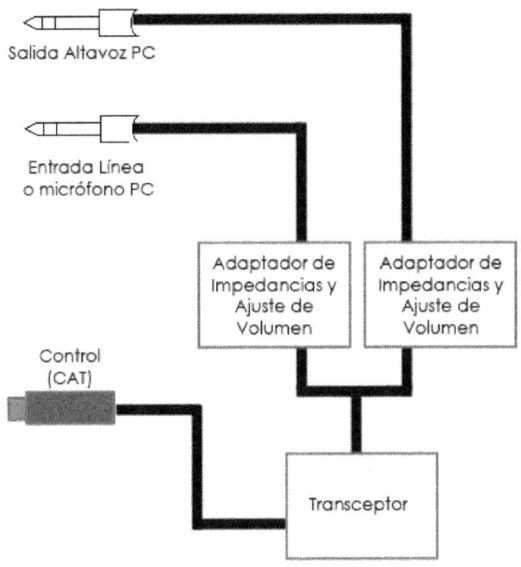

Salida Altavoz PC

Entrada Línea o micrófono PC

Adaptador de Impedancias y Ajuste de Volumen

Adaptador de Impedancias y Ajuste de Volumen

Control (CAT)

Transceptor

Algunos adaptadores de modos digitales funcionan mediante una sola conexión al puerto USB del ordenador, ya que internamente disponen de adaptador de sonido y control del equipo.

El caso... los modos digitales son adaptaciones de texto o imágenes a sonido. Si alguna vez escuchasteis en algún receptor de onda corta unos pitidos que cambian, muy rápidos, y que suelen estar al principio de las bandas, seguramente son modos digitales.

Dentro de los modos digitales podremos encontrar varios tipos dependiendo del uso que vayamos a dar. Veremos los más importantes, pero sabed que hay muchísimos más.

Modos de Texto

Son los primeros que solemos usar cuando conectamos nuestro ordenador a la emisora.

Simplemente se escribe (Como en el *Whatsapp*) y cuando le demos al botón enviar, la emisora comenzará a transmitir esos pitidos.

Cualquiera que los reciba y tenga conectado su ordenador en el transceptor, podrá leer lo que enviamos.

IMPORTANTE

Aunque la comunicación sea parecida a un chat, deberemos de seguir usando los métodos de la radioafición para hablar.

Quizás el más conocido es el *RTTY* (*Radioteletipo*), ya que se empleaba ya hace muchísimos años con máquinas especiales para comunicaciones militares y civiles.

Otro muy importante es el *PSK*. Es más moderno y funciona cambiando el tono del pitido muchas veces y a muchos distintos.

Dentro de los mismos modos PSK y RTTY, podremos encontrar velocidades, ya que podremos transmitir o recibir más rápido o más lento dependiendo de ella. Cuanto más rápida sea la velocidad, más riesgo de perder parte del texto que recibamos, ya que las ondas no siempre están tranquilas y pueden ser fuertes, debilitarse... o incluso desaparecer sin más... *La magia de la radio.*

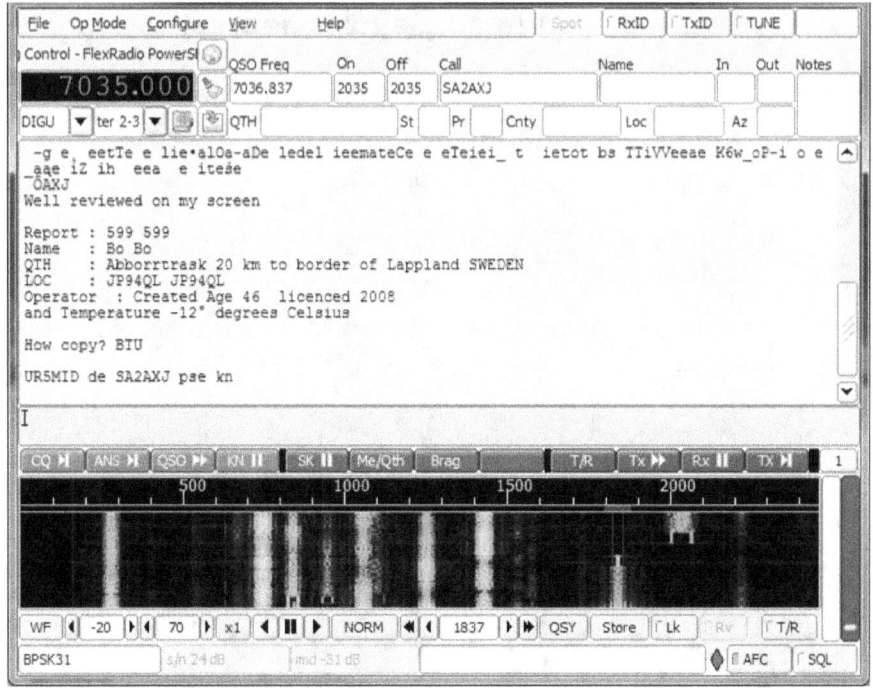

En la imagen tenemos un programa que se llama FLDIGI. Nos permite usar muchísimos modos digitales, y en la imagen precisamente el PSK.

En la parte inferior de la pantalla vemos una cascada (Como la que había en los receptores SDR), y cada una de esas rayas que salen, es alguien enviando sus mensajes.

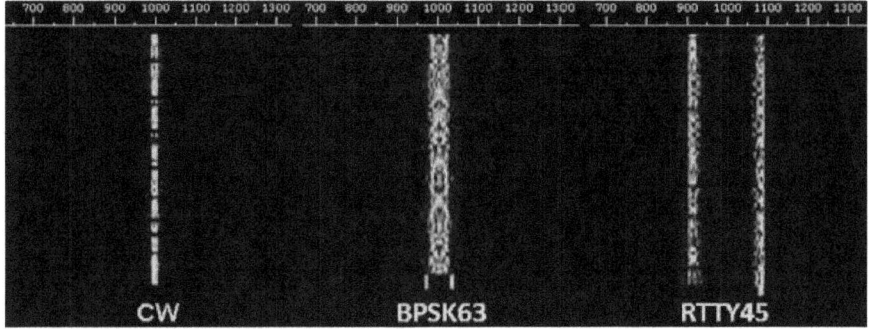

Modos de Texto (Señales débiles)

Los modos PSK y RTTY que habíamos visto, tienen una pega, y es que si la señal que recibimos es débil, la gran mayoría de las veces perderemos todo o parte del mensaje.

Para momentos en los que estos modos no nos permitan realizar comunicados correctamente, se emplean otros que transmiten más lentamente y ocupando más ancho de banda (Más espacio en la cascada).

Los más conocidos son el JT65 y el ROS, este último lleva el apellido de su inventor, ya que es valenciano.

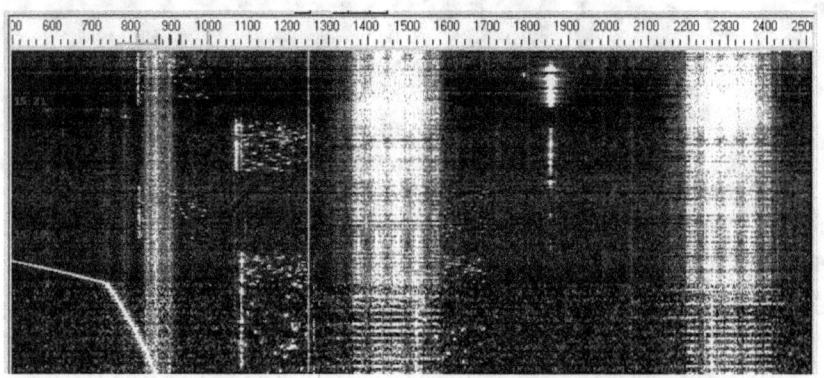

Este que vemos en la imagen es el JT65, y como podrás comprobar, ocupa mucho más que los anteriores.

El ROS se emplea sobre todo en HF y CB, en cambio el JT65, aunque también nos serviría, es más usado para el rebote lunar.

Modos de Imágenes

Ya os había comentado que los modos digitales también nos permitían enviar señales con imágenes, pues vamos a ver un par de ellos.

El primero y más conocido, es el *SSTV (Slow Scan TV, Televisión de Barrido Lento)*. No os penséis que podemos enviar una señal como las de cualquier canal de la tele. Este lo que nos permite es transmitir y recibir imágenes estáticas.

Se emplea mucho en HF, pero también lo usan los astronautas de la ISS de vez en cuando para enviarnos fotografías de algún evento especial como la que vemos justo aquí a la derecha.

El programa más usado es el *MMSSTV* del japonés *Makoto Mori (JE3HHT)*, ya que es muy sencillo de usar y además nos permitirá crear nuestros propios montajes para transmitir.

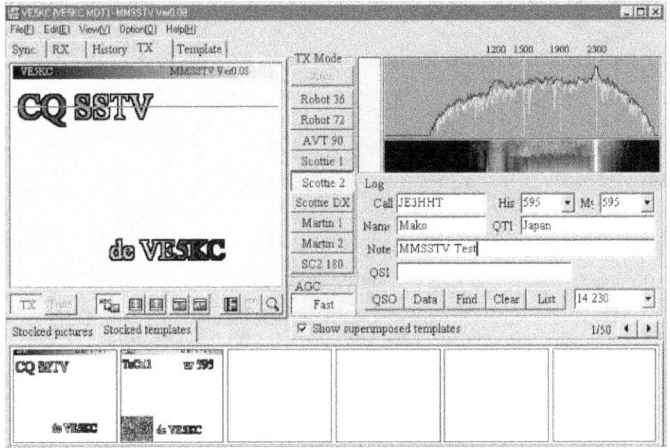

Otro modo digital de imágenes, aunque quizás menos conocido, es el *HELL* (¡Infierno!), pero no transmite exactamente imágenes, ya que lo que hace es convertir el texto escrito en algo así como una tira de papel.

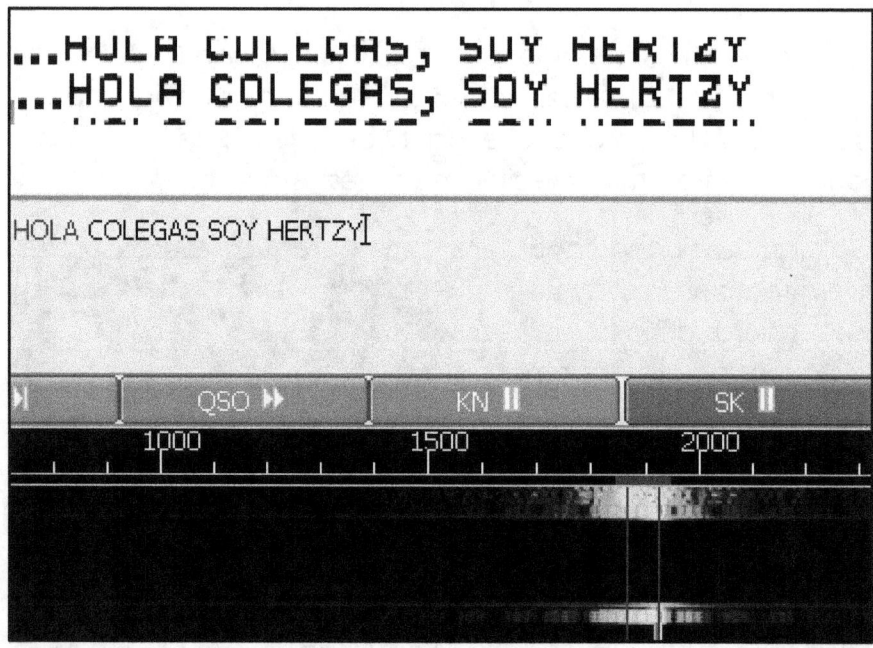

Esta captura acabo de hacerla ahora mismo transmitiendo en modo HELL-FSKH105, ya que dentro del Hell existen otros sub-modos (Vamos, como en todos los modos digitales).

NOTA

Existen muchísimos modos digitales, e incluso que nos permiten transmitir voz humana (DV, Digital Voice).

17

Concursos y Diplomas

Para hacer más divertida la radioafición, muchas asociaciones, radioclubs, e incluso revistas, crean actividades especiales con las que hacernos pasar el rato no solamente hablando por hablar, que dependiendo de cada una de ellas, podremos conseguir premios o diplomas.

Este capítulo voy a dividirlo en tres partes, siendo dos de ellas para diplomas y la última para concursos.

Diplomas Puntuales

Y son puntuales porque se celebran en un determinado momento, por ejemplo, las fiestas de un pueblo, el aniversario de la muerte de algún escritor… cosas así.

La mayoría suelen basarse en conseguir una determinada frase, y cada estación participante, entregará una letra para completarla. Por ejemplo, en las fiestas de Villarriba del Sella, su radioclub pone en marcha el "Diploma Fiestas Patronales de Villarriba del Sella" y lo ganará el que complete la frase:

VILLARRIBA EN FIESTAS 2017

En total tendrían que juntar 10 letras de "Villarriba", 2 de "en", 7 de "Fiestas" y 4 de "2017". Ojo, hay algunos que no hace falta repetir la misma letra, por ejemplo, la primera A de Villarriba valdría para su segunda A y para la de "Fiestas".

El caso, si elegimos la segunda opción, la de no repetir letras, tendríamos que hacer 15 comunicados con las estaciones *otorgantes* (Se llaman así a las que dan las letras), que serían V-I-L-A-R-B-E-N-F-S-T-2-0-1-7.

Diplomas Permanentes

Y lo son porque siempre están ahí, dispuestos a concederse a alguien que haya completado un determinado reto.

Por ejemplo, en España es muy famoso uno llamado TPEA organizado por la URE, que significa *Todas las Provincias de España* (EA es el prefijo asignado por la ITU a España).

Se trata de conseguir al menos un comunicado con cada una de las provincias del país, incluyendo también Ceuta y Melilla, siendo en total necesarios 52 comunicados.

Para poder demostrar que somos dignos poseedores del diploma, hemos de entregar una copia de las tarjetas QSL que hemos recibido de nuestros distintos interlocutores, y una vez que lo hayan comprobado, nos enviarán el diploma a casa.

¡Pero! Volvemos a lo mismo, estamos en pleno siglo XXI e internet puede abrirnos muchos caminos, ya que mediante el uso de confirmaciones digitales del portal LOTW (*Log Of The World, Libro de guardia del mundo*), podremos acreditar también los QSO. Y claro, descargarse desde el mismo portal el diploma en formato PDF para guardarlo en un pendrive e imprimirlo.

Otros diplomas permanentes muy famosos son por ejemplo:

- WAC: *Worked All Continents*. Trabajados todos los Continentes, ya que nos lo darán si al menos tenemos un comunicado con cada uno de los 6 continentes (Ojo, América se divide en dos, la del norte y la del sur).
- DME: Diploma Municipios de España. Nos lo concederán si al menos hemos hecho 300 comunicados con 300 diferentes municipios del país.

- DMUE: Diploma Museos de España. Nos lo concederán si al menos hemos hecho 25 comunicados con 25 estaciones de radio que estén transmitiendo desde un museo.
- DVGE: Diploma Vértices Geodésicos de España. Al igual que el anterior, lo conceden por un determinado número de estaciones transmitiendo desde un vértice geodésico.
- SOTA: Summits On The Air (Cumbres en el aire), pues para poder ser una estación otorgante, debes de subirte a una montaña y transmitir desde allí.

Desde un vértice geodésico como este, puedes participar en el diploma DVGE y en SOTA.

Concursos

Esta quizás sea la actividad de radio más divertida, o al menos para mi, ya que en un determinado tiempo que puede ser de un par de horas a un par de días, tienes que establecer comunicados con todas las estaciones posibles.

Los hay en fonía, en CW, en digitales... nacionales o internacionales... puedes elegir el que más te guste.

Lo normal es intercambiarnos algún tipo de dato cuando realizamos el QSO, por ejemplo, un número de serie, las siglas de la provincia en la que estés... tu zona CQ... variedades las que quieras.

Suele existir un sistema de puntos, por ejemplo, si el comunicado es en el mismo país, vale menos que en el mismo continente, o menos aún si es distinto.

Pero además, también hay Multiplicadores, que es otro cálculo por el que multiplicar tus puntos. Por ejemplo, sería multiplicador el primer QSO que hagas con otro país. Los siguientes ya no lo serían.

Con todos esos puntos y sus multiplicadores, se realiza un cálculo por la organización en la que se establece una tabla con los ganadores.

Hay premios en placas, diplomas... e incluso alguno en el que regalan al ganador un transceptor de HF.

Los más famosos quizás sean:

- CQ WPX. Organizado por la revista *CQ Radioamateur*, se trata de conseguir el máximo número de contactos con estaciones de distinto prefijo.

- CQ WW. Igualmente organizado por la revista, viene a ser como el Mundial de los Radioaficionados. Los hay de CW, SSB y RTTY.
- SMR EA. Su Majestad el Rey de España. Organizado por la URE, es el más importante de nuestro país. Pero ojo, no solamente lo hay para paisanos, ya que puede participar cualquier radioaficionado del mundo. Este también lo hay en modalidades SSB y CW.
- CNF. Concurso Nacional de Fonía. En reglas se parece mucho al anterior, pero está organizado por el Radio Club Sevilla. La diferencia básica, es que también existe uno en RTTY.

Os podría llenar miles de millones de páginas con distintos concursos, pero con el tiempo los podréis ir conociendo, y por supuesto, participando.

NOTA

En los concursos internacionales, como los de CQ, se pueden conseguir muchísimos comunicados con estaciones extranjeras, y ya de paso conseguir también el WAC o el DXCC100 (Al menos 100 QSOs con 100 entidades diferentes). ¡Ah! Y claro, sus tarjetas QSL, que seguro que muchas serán preciosas.

18

El Clúster

Existe una herramienta con la que conocer estaciones que están en alguna actividad especial o en una entidad un poco rara.

Se llama Clúster, y en un principio no era más que una red de ordenadores conectados entre sí mediante emisoras de la banda de 2 metros, pero que con la llegada de internet han quedado apartadas.

Existen muchas formas de acceder al clúster para leerlo, pero las más comunes son tres:

- Mediante un portal en Internet.
- Mediante una aplicación del móvil.
- Mediante un programa de ordenador.

Los portales más habituales en España son dos:

- DX Fun Cluster: *www.dxfuncluster.com*
- clusterEA: *www.clusterea.com*

Ambos son muy parecidos, y en ambos tendremos una cosa parecida a esta nada más abrir su página web:

DE	Freq	DX	Comentario	Fecha (UTC)
EA3HKY	7090.0 [40M]	AM3MDV	25 ANIVERSARIO MDV	21/11/2017 12:26Z
EA3URL	7085.0 [40M]	EA3FNZ	EZ.229 MVZ.705 ULTIMAS LLAMADAS	21/11/2017 12:23Z
EA4GJP	7085.0 [40M]	EA3FNZ	ULTIMAS LLAMADAS	21/11/2017 12:22Z
EA4GJP	7085.0 [40M]	EA3FNZ	ULTIMAS LLAMADAS	21/11/2017 12:22Z
EA3TO	7085.0 [40M]	EA3FNZ	M◆S SPOTS DME 50185 EZ 229 MVZ 0705	21/11/2017 12:16Z
EA5DNO	7085.0 [40M]	EA3FNZ		21/11/2017 12:08Z
EA2TW	7085.0 [40M]	EA3FNZ	DME 50185 EZ 229 MVZ 0705	21/11/2017 12:01Z
EA3GJO	7074.0 [40M]	ON4BNC	FT8 TNX 73	21/11/2017 11:55Z
EA3IW	7005.0 [40M]	EA3NT	DME 43064	21/11/2017 11:49Z
SP9IJE	7130.0 [40M]	AM3MDV		21/11/2017 11:41Z
EA4GJP	7092.0 [40M]	EA1HTF	ULTIMAS LLAMADAS	21/11/2017 11:39Z
EA4GJP	7107.5 [40M]	EA3NT/M	DME-43064	21/11/2017 11:38Z

¿Qué es? Sencillo, una lista de anuncios que los radioaficionados han ido creando y que se actualiza constantemente.

Vemos cinco columnas, y cada una de ellas significa una cosa. La primera nos indica el indicativo de la persona que ha puesto el anuncio (También se llama *Spot*), la segunda la frecuencia, la tercera el indicativo de quien ha anunciado, y por último, la columna de comentarios y la de la fecha y la hora en la que se creó el anuncio.

El anterior formato es el del portal clusterEA, y el de DX Fun es este:

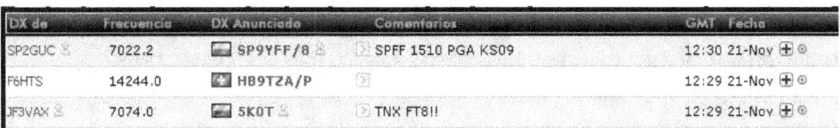

DX de	Frecuencia	DX Anunciado	Comentarios	GMT Fecha
SP2GUC	7022.2	SP9YFF/8	SPFF 1510 PGA KS09	12:30 21-Nov
F6HTS	14244.0	HB9TZA/P		12:29 21-Nov
JF3VAX	7074.0	5K0T	TNX FT8!!	12:29 21-Nov

Por ejemplo, en esta imagen tenemos una estación de San Andrés y Providencia, la 5K0T, que la ha enviado JF3VAX el 21 de noviembre a las 12:29. En los comentarios podemos ver que le da las gracias (TNX) y que añade el modo usado, el FT8, que es uno de los muchos digitales que existe.

Pero además podremos filtrar los *spots* que recibimos por banda, modo, origen... simplemente deberemos de buscar los botones de filtro que se encuentran encima.

Pero también podremos descargar una aplicación en nuestro teléfono móvil o tableta para acceder al clúster, y por ejemplo, DX Fun tiene la suya propia.

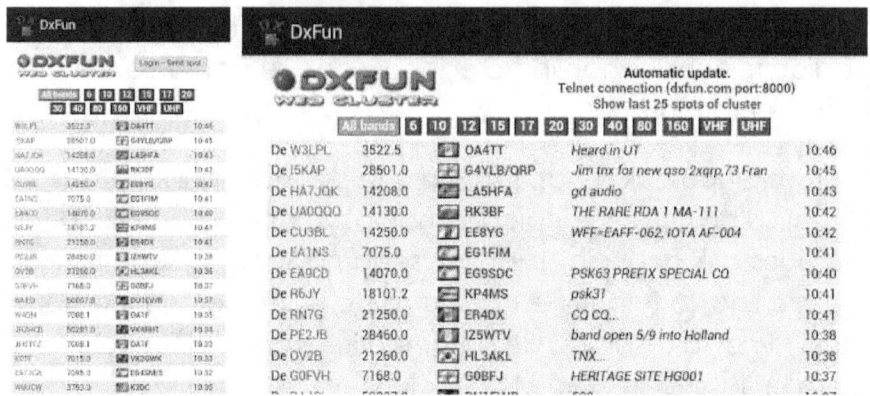

Simplemente hemos de ir a la tienda de aplicaciones e instalarla. Son gratuitas y funcionan muy bien.

La otra forma de ver el clúster es mediante un programa en el ordenador, y casi todos los libros de guardia o software de concursos lo tienen.

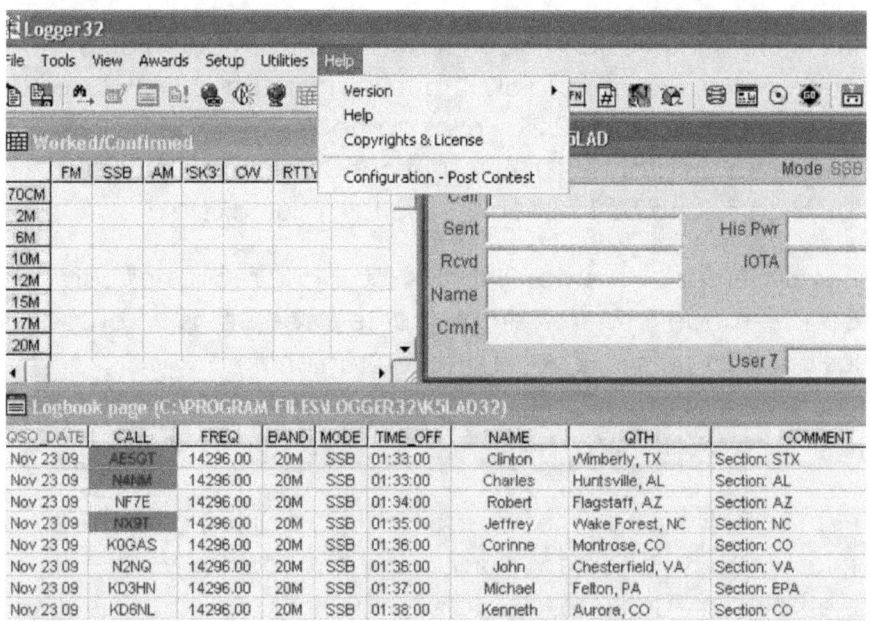

Por ejemplo, esta es la ventana de Logger32 con su clúster, pero seguro que si investigas el que usas lo encuentras.

19

Construcción de un Sencillo Transceptor

Para finalizar el libro quiero presentaros un pequeño transceptor que podréis construiros en vuestra casa sin demasiada complicación.

Se llama *Pixie*, que es el nombre de un pequeño tipo de hada inglesa, ya que allí se diseño este pequeño, pero matón equipo.

Es un equipo modesto, que apenas tiene una potencia de 0.6 ó 0,7 vatios, y de lo sencillo que es, solamente transmite en Morse.

Se vende en Kit, es decir, en piecitas listas mara soldar sobre una placa de *Circuito Impreso* (La cosa plana esa verde que tienen todos los aparatos dentro) y cuesta muy poco, ya que si se pide a un bazar on-line del lejano oriente, lo podréis tener por menos de 5 euros, y en caso de no querer esperar por él, en España podéis conseguirlo por menos de 10.

Vamos a ver que nos trae el kit:

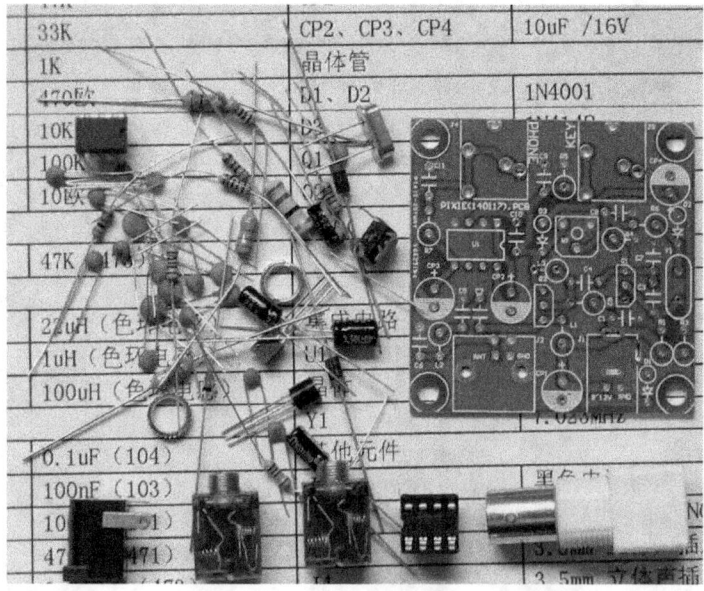

Vemos que tiene la placa de circuito impreso y después un montón de componentes electrónicos (Esas piecitas de colores). Para hacerlo funcionar solamente necesitamos encajar cada una en su lugar y soldar.

Para este montaje necesitaremos un *soldador* (O *estañador*) de poca potencia, de 30 ó 40 vatios como mucho, y estaño de soldar componentes electrónicos.

Debes de enchufar el soldador unos diez minutos antes de comenzar a estañar (O soldar).

Lo primero y más básico, son las llamadas *Resistencias*. Son esas que parecen un pepino blancuzco y tienen dibujadas rayas de colores. En el Pixie hay los siguientes tipos:

- 47KΩ (Que se llama R1). Sus rayas son: AMARILLO-VIOLETA-NARANNJA y otra que puede ser PLATEADA O DORADA.
- 33KΩ (R2) – NARANJA-NARANJA-NARANJA y la otra.
- 1KΩ (R3) – MARRÓN-NEGRO-ROJO
- 470 Ω (R4) – AMARILLO-VIOLETA-MARRÓN
- 10KΩ (R5) – MARRÓN-NEGRO-NARANJA
- 100KΩ (R6) – MARRÓN-NEGRO-AMARILLO
- 10Ω (R7) – MARRÓN-NEGRO-NEGRO

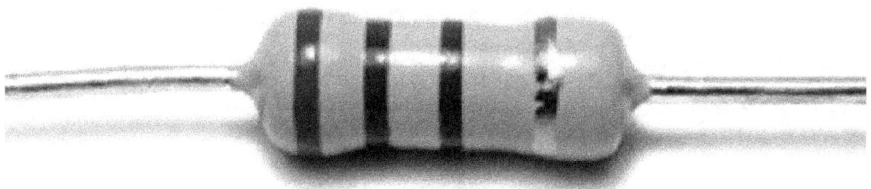

Esta es una imagen de una resistencia. Has de fijarte que una banda está más alejada de las otras tres. Se llama tolerancia, y es la que os decía que puede ser dorada o plateada.

Ahora bien, cojamos ahora la placa del circuito impreso y echémosle un vistazo.

¿Veis que tiene marcado unos símbolos como el de la foto?

Sirven para encajar ahí la resistencia, y además, tiene que ser la que dice, en este caso, como tenemos marcado R1, la que es Amarilla, violeta y naranja.

Con cuidado la insertamos para que quede como en la siguiente fotografía:

Ahora, y con muchísimo cuidado, le damos la vuelta a la placa de circuito impreso y acercamos el soldador caliente (¡Ojo que quema!) y el estaño, lo juntamos suavemente al alambre que asoma y esperamos lo suficiente a que se funda el estaño y quede fijo.

Si ves que queda como de color blancuzco y sin brillo, vuelve a calentar un poco el estaño, ya que ha quedado mal soldada.

En la siguiente imagen podemos ver las diferencias entre varias soldaduras, y como entre ellas, serían las correctas.

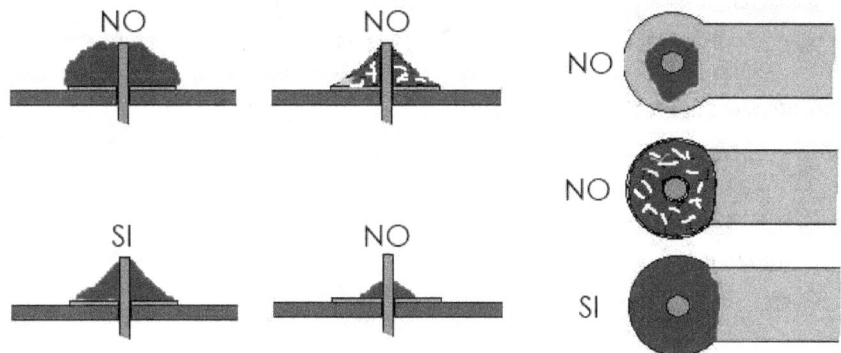

Pues nada, ahora, y poco a poco, iremos colocando y soldando las siete resistencias del circuito.

Ahora vamos a por unos componentes que se llaman *Condensadores Cerámicos*, y son como estos de la foto.

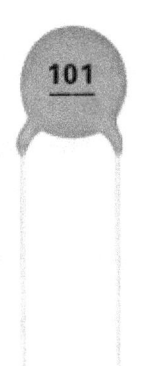

Has de fijarte muy bien en ellos, pues aquí no usan colores, sino tres números.

En el Pixie tenemos estos tipos:

- 100 nF (*Nanofaradios*), son el C1, C2, C4, C8 y C11, y pone escrito 104.
- 100 pF (*Picofaradios*), son el C3 y C7, y pone escrito 101.
- 470 pF, son el C5 y C6, pone escrito 471.
- 47 nF, son el C9 y C10, pone 473.

Pues igualmente que las resistencias, buscamos sus lugares en el circuito impreso. Pondrá un dibujo como este de la derecha.

Aseguraros de que estén bien introducidos antes de soldar y proceded de la misma manera que con las resistencias para estañarlas.

Bueno, una vez fijados los condensadores cerámicos, vamos con otro tipo que se llaman *Condensadores Electrolíticos*.

La diferencia es que estos tienen más capacidad que los otros (Más faradios), y que además ¡SON POLARIZADOS!

¿Qué quiere decir esto? Pues que hemos de soldarlos al circuito impreso de una determinada forma, ya que si los colocamos al revés se quemarían.

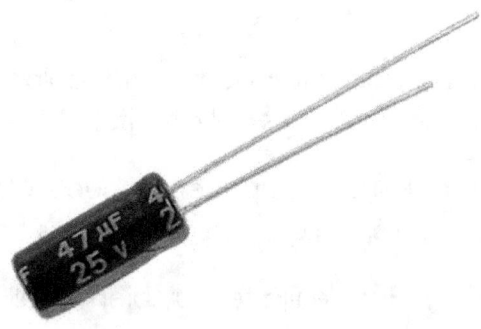

Pues fijándonos en la foto, vemos que tiene una patilla más larga que otra. La corta es el polo negativo y la larga, pues el positivo. Pero además, en el polo negativo traen una raya en el cuerpo que pone varios signos de restar (Menos, negativo...)

Vamos a ver los condensadores electrolíticos que tiene nuestro Pixie:

-   100 µF (Microfaradios), CP1, y lo pone escrito tal cual.
-   10µF, que son CP2, CP3 y CP4.

Ahora buscamos en la placa un símbolo como este:

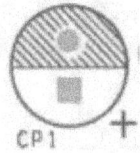

Hemos de fijarnos bien para que cada patilla esté en el agujero correcto.

En el que pone un +, pondremos el polo positivo, y en el otro, que está como sombreado, el negativo.

Procedemos a soldar y comprobamos los cuatro condensadores que tengan bien estañadas sus patillas.

Ahora te darás cuenta que cada vez se hace más difícil soldar, pues los alabrejos que cuelgan nos pinchan los dedos y nos estorban para usar el estañador. Lo único que tenemos que hacer es cortar con unas tijeras todo lo que nos sobresale.

Y proseguimos, y lo hacemos con las *Bobinas*.

Son muy parecidas a las resistencias, pero son algo más ancho y el fondo es de color verde.

En el Pixie tenemos tres, y cada una de un valor diferente:

- L1: 22µH (Microhenrios) ROJO-ROJO-NEGRO
- L2: 1µH, MARRÓN-NEGRO-ORO
- L3: 100µH, MARRÓN-NEGRO-MARRÓN

Son como la de la siguiente fotografía.

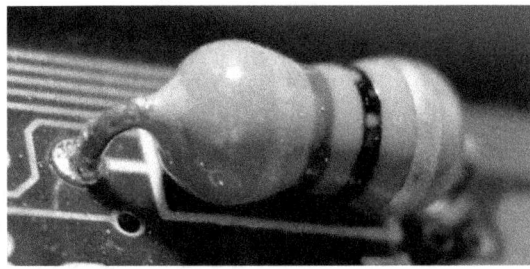

Estas también tienen una raya que indica el posible error que tienen (*Tolerancia*), y como antes, está más separada de las otras tres.

El alojamiento dentro de la placa de circuito impreso es como el de la imagen de la derecha.

Ojo, al igual que las resistencias, la placa está diseñada para que vayan alojadas verticalmente (De pie).

Con cuidado de no quemarte, ¡a soldar!

Más...

Vamos a por otro tipo de resistencias, unas que se llaman *Ajustables*, ya que no tienen un valor fijo, sino uno máximo, ya que podremos darle vueltas para que varíen sus ohmios.

¿Sabes que la rosca del volumen de los aparatos de música o radio es una resistencia como esta, pero más grande?

El caso, tiene tres patillas, y por su forma encajará perfectamente en el circuito impreso.

Vamos a verlo:

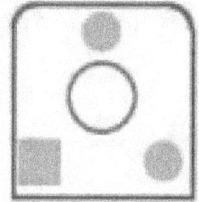 

La que lleva el Pixie es de 47KΩ como valor máximo, ya que podemos hacer que sea entre cero y este máximo (Eso sí, con mucha paciencia).

Esta resistencia sirve para variar un poquito la frecuencia de un aparato que veremos después que se llama Cristal de Cuarzo, ya que podríamos hacer emitir y recibir este transceptor desde 7021 KHz hasta 7026.

Una vez montado el equipo, podremos ajustar la resistencia (Y la frecuencia) con ayuda de un destornillador fino (Solemos llamarlo *Bornero*).

Bueno… vamos a seguir con más cosas. Esta vez con los *Diodos*, de los cuales tendremos tres en nuestro circuito.

Dos son del mismo tipo (Los que con paciencia leemos 1N41001 (D1) y es de color negruzco y opaco) y otros que son como de cristal y que ponen 1N4148 (D2 y D3).

Pero los dos tipos tienen una raya en uno de sus extremos, eso indica que la patilla que está pegada a ella es el *Cátodo*, la otra se llama *Ánodo*.

Ahora buscamos los siguientes dibujos en el circuito impreso.

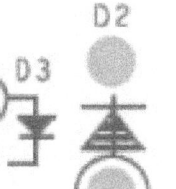

Fíjate que tienen un triángulo y una raya, pues este es el símbolo que se usa en los esquemas para los diodos. El caso, deberemos de insertarlo bien de pie, como habíamos hecho con las resistencias, o tumbados, dependiendo de la separación de los agujeros.

Eso sí, Y MUY IMPORTANTE, es que el cátodo, el alambrejo que tiene la raya pintada, coincida con la raya del símbolo que tenemos en la placa. Quemar… no se quemaría, pero seguro que el Pixie no funcionaría como debiese.

Y como hasta ahora, con mucho cuidado, los fijamos mediante soldadura a la placa del circuito impreso.

¿Vamos a por más componentes? ¡Venga!

Es el turno de los Transistores, que ya cambiamos de 2 patillas a 3.

Tenemos dos, y de dos tipos diferentes. El Q1 que se llama S9018, y el Q2 que se llama S8050. Hemos de usar la lupa (Al menos yo), para leer en cada uno de ellos su nombre (Su tipo realmente).

Comentaros que son tres patillas, ya que una sirve para recibir corriente (Que se llama *Colector*), otra para sacarla (El *Emisor*) y una que controla el paso entre el colector y el emisor (La *Base*).

Saber colocar estos transistores no es demasiado complicado, ya que el propio dibujo del circuito impreso nos dibuja su figura. Solamente hemos de colocarlos como indica.

Si antes debíamos de tener cuidado con las soldaduras, pues ahora más, ya que a los transistores les afecta mucho el calor del soldador. Deberemos de ser rápidos, pero eficaces en el estañado.

Ahora toca el turno del *Circuito Integrado*, que viene identificado como U1.

Es un chip o cucaracha negra con muchas patas (8), pero que NO lo soldaremos. Lo que haremos será estañar un zócalo que también incluye el kit y colocar después el CI en él. Por cierto, el modelo usado es el LM386.

¿Os fijáis que tanto el zócalo como el propio CI tienen una muesca en uno de sus extremos? Sirve para identificar la patilla número 1, pero también para saber cómo colocarlo en nuestra placa, ya que su dibujo también la tiene (La muesca).

Con cuidado colocaremos el zócalo en la placa y soldaremos uno a uno sus pines (Las patillas). Claro está, comprobaremos que estén perfectamente estañadas.

Ya nos va quedando menos, y ahora es el turno del *Cristal de Cuarzo*, que además, es el encargado de fijar la frecuencia a la que funcionará nuestro Pixie.

El que se suministra con el kit está fijado en una frecuencia de 7.023 MHz, que es la empleada en las transmisiones de poca potencia en CW (Las llamamos QRP).

Si quisieras cambiar su frecuencia de funcionamiento, lo primero que habría que hacer sería cambiar el cristal. Pero ojo, no deberá de ser muy diferente (Dentro de la misma banda), ya que hay una cosa que se llama *Filtro* a la salida de la antena que impedirá que salgan frecuencias fuera de la banda de 40M.

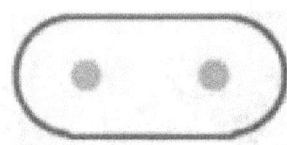

El dibujo que nos identifica la placa para insertarlo es este de arriba.

Da lo mismo la posición, ya que no tiene polaridad.

Venga, vamos a por lo último que nos queda por hacer, y es fijar los conectores.

El Pixie viene con cuatro: Uno de alimentación, uno de antena y dos de tipo Jack (Como los de auriculares).

Soldaremos uno a uno en la placa en su correspondiente dibujo:

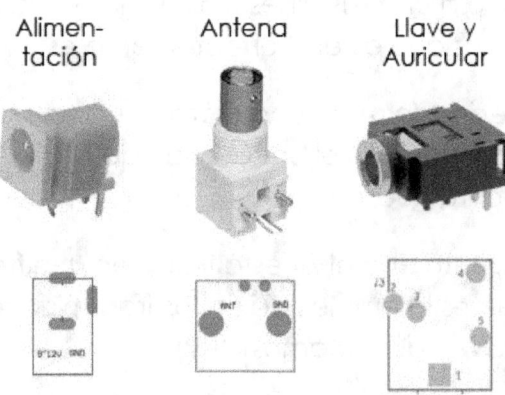

¿Lo tenemos ya todo perfectamente soldado?

Vuelve a revisar, ya que quizás hayamos podido cometer algún error y luego será tarde para lamentarnos.

Venga, pues vamos a necesitar un manipulador (La llave que pulsamos para hacer Morse) ¿Lo tienes?

En caso de que no lo tengas, necesitarás algo que sea como un pulsador de timbre... ¡Eso es! Llama a papá para que te vaya a la ferretería y te compre uno, ya que vamos a ver cómo usarlo para generar nuestro código Morse.

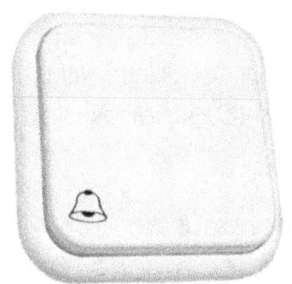

Yo he empleado uno como este que está aquí al lado, ya que es de superficie (No necesita una caja en la que meterlo) y no necesita soldar, ya que sus bornes (Conectores) son de tornillo.

Necesitaremos también un Jack de Audio (Es el conector que suelen tener casi todos los auriculares) para soldar los cables del pulsador.

¡Es verdad! Necesitaremos también un par de cables finos, o bueno, uno que tenga dos hilos dentro.

Vamos a ver cómo se monta nuestro *Manipulador*.

Has de fijarte que el Jack tiene tres pines, hemos de soldar cada uno de los dos cables en el pin más largo y más ancho, el otro en el más pequeño. El mediano lo dejamos sin tocar.

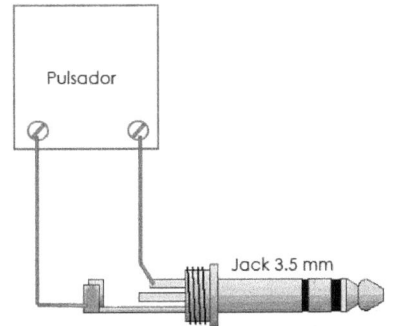

Pulsador

Jack 3.5 mm

Ahora nos toca

alimentarlo, y para ello necesitaremos cable de color rojo y negro y un conector de alimentación redondo como este.

Al igual que el Jack del manipulador, este tiene unos pines internos, y soldaremos el cable de color rojo (Positivo de la fuente de alimentación) al pin más pequeño, y el cable negro (Negativo de la fuente) al pin más largo y ancho.

Y por último la antena. Quizás sea lo más complicado, ya que el conector que trae es uno que se llama BNC. Si tienes algún PL259 también podrías ponerlo.

El caso, necesitaremos de un conector BNC aéreo macho (Para poner en un cable), que desmontándolo será algo como la fotografía.

Ahora necesitamos pelar el cable coaxial con unas medidas aproximadas de:

- La funda externa (Negra) unos 15 mm
- La punta viva unos 4 mm
- La funda interna (Blanca) unos 6 mm.

Y la malla hemos de echarla hacia atrás tal como muestra la imagen.

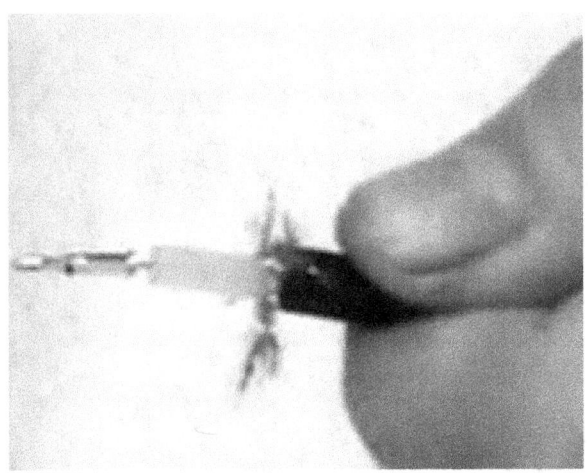

Con cuidado soldaremos la punta metálica en la viva, y a continuación, introduciremos primero la tuerca, luego la arandela y después la goma en el cable coaxial, con todo hacemos lo mismo por el conector fijándonos que la malla quede bien hacia atrás, no dejando ningún hilillo en contacto con la punta viva.

Una vez hecho esto, apretaremos la tuerca con el fin dejar fijo el cable dentro del conector.

Volvemos a revisar todo en busca de fallos, malas soldaduras, hilos sueltos…

¿Seguro que está todo bien? Debería de habernos quedado un montaje como el siguiente.

Ahora solamente queda conectarlo a nuestra fuente de alimentación, a la antena, ponernos unos auriculares y enchufar el manipulador.

Si todo ha ido bien, escucharemos con suerte varias comunicaciones en CW, y si nos atrevemos, pues a realizar muchos QSOs en QRP.

RECUERDA: Este equipo trabaja en la banda de 40M, luego necesitarás de una licencia de radioaficionado.

Anexo A

Divisiones de CB
y
Entidades de Radioaficionado

Nombre	Div.	Ent.	Cont.	Locator
Abu-Ail & Jabal-At-Tair	292	A1	AS	
Afghanistan	234	YA	AS	MM44MA
Agalega & Saint Brandon Islands	243	3B6	AF	LI80AA
Alan Islands	212	OH0	EU	KP00AA
Alaska	33	KL	NA	BP45AH
Albania	251	ZA	EU	JN91MA
Algeria	146	7X	AF	JM16MA
American Samoa Island	70	KH8	SA	AH56AA
Amsterdam & St. Paul Island	124	FT7Z	AF	MF83MA
Andaman & Nicoban Islands	253	VU4	AS	NK61AA
Andorra	51	C3	EU	JN02RQ
Angola	39	D2	AF	JH87SV
Anguilla Island	219	VP2E	NA	FK88MA
Antartica	140	CE9	SA	FC85AA
Antigua & Barbuda Islands	120	V2	NA	FK97MA
Argentina	4	LU	SA	FF73EN
Armenia	301	EK	AS	LN20AA
Aruba Island	232	P4	SA	FK52AA
Ascension Island	148	ZD8	AF	II32AA
Asiatic Russia	302	UA9	AS	NO15MA
Auckland & Campbell Islands	282	ZL9	OC	RE30AA
Austral Islands	337	FO/A	OC	BG48AA
Australia	43	VK	OC	PG66WG
Austria	35	OE	EU	JN77BJ
Aves Island	280	YV0	NA	FK85MA
Azerbaijan	303	4J	AS	LN40MA
Azores Islands	75	CU	EU	HM77MA
Bahrein	150	A9	AS	LL56AA
Baker &Howland Islands	260	KH1	OC	AJ20AA
Balearic Islands	49	EA6	EU	JM19MQ

Nombre	Div.	Ent.	Cont.	Locator
Banaba Island	320	T33	OC	RJ40MA
Bangladesh	236	S2	AS	NL53AA
Barbados Island	122	8P	NA	GK03MA
Belgium	16	ON	EU	JO20KX
Belize	218	V3	NA	EK67AA
Benin	183	TY	AF	JJ16AA
Bermuda Island	123	VP9	NA	FM82AA
Bhutan	202	A5	AS	NL47MA
Bolivia	80	CP	SA	FH64AA
Bonaire Island	350	PJ4	NA	
Bosnia	331	E7	EU	JN93AA
Botswana	105	A2	AF	KG26MA
Bouvet Island	297	3Y/B	AF	JD16MA
Brazil	3	PY	SA	GH64BI
British Virgin Islands	128	VP2V	NA	FK88AA
Brunei	225	V8	OC	OJ74AA
Bulgaria	178	LZ	EU	KN12MA
Burkina Faso	170	XT	AF	IK92MA
Burundi	184	9U	AF	KI47MA
Cambodia	238	XU	AS	OK21AA
Cameroon	156	TJ	AF	JJ53MA
Canada	9	VE	NA	DO84KV
Canary Islands	34	EA8	AF	IL18TI
Cape Verde	205	D4	AF	HK84MA
Cayman Islands	125	ZF	NA	EK99MA
Central African Republic	176	TL	AF	JJ94AA
Central Kiribati	265	T31	OC	AI48MA
Ceuta & Melilla	106	EA9	AF	IM85MA
Chad	175	TT	AF	JK72MA
Chagos Islands	228	VQ9	AF	MI63AA
Chatham Islands	261	ZL7	OC	AE26AA
Chesterfield Islands	342	FK/C	OC	QH91AA
Chile	32	CE	SA	FG41MU

Nombre	Div.	Ent.	Cont.	Locator
China	203	BY	AS	ON80AA
Christmas Island	217	VK9X	OC	OI20MA
Clipperton Island	296	FO/C	NA	DK50MA
Cocos Islands	192	TI9	NA	EJ65MA
Cocos-Keeling Islands	193	VK9C	OC	NH88AA
Colombia	6	HK	SA	FJ33IS
Comoros Islands	185	D6	AF	LH19MA
Congo	214	9Q	AF	JI76MA
Conway Reef	321	3D2/C	OC	RG79AA
Cook Islands	250	E5/N	OC	BG09MA
Corsica	104	TK	EU	JN42MA
Costa Rica	69	TI	NA	EJ89AA
Crete Island	90	SV9	EU	KM25MA
Croatia	328	9A	EU	JN75MA
Crozet Islands	298	FT/W	AF	LE64AA
Cuba	88	CM	NA	EL93AA
Curaçao Island	347	PJ2	NA	
Cyprus	110	5B	AS	KM46MA
Czech Republic	329	OK	EU	JO70AA
Czechoslovakia	179		EU	JO70AA
Denmark	47	OZ	EU	JO45HS
Desecheo Island	299	KP5	NA	FK68MA
Dhekelia & Arkrotiri	291	ZC4	AS	
Djibouti	186	J2	AF	LK11MA
Dodecanese Island	59	SV5	AS	KM46AA
Dominica Island	194	J7	NA	FK95MA
Dominican Republic	37	HI	NA	FK48UU
Ducie Islands	343	VP6/D	OC	CG86AA
East Germany	46		EU	
East Malaysia	58	9M6	AS	OJ95AA
Eastern Island	144	CE0Y		DG53MA
Eastern Kiribati	266	T32	OC	BJ11MA
Ecuador	61	HC	SA	FJ10AA

Nombre	Div.	Ent.	Cont.	Locator
Egypt	117	SU	AF	KM50MA
El Salvador	53	YS	NA	EK53MA
England	26	G	EU	IO91UO
Equatorial Guinea	199	3C	AF	JJ41MA
Eritrea	333	E3	AF	KK95AA
Estonia	304	ES	EU	KO29AA
Ethiopia	206	ET	AF	KJ99AA
European Russia	50	UA	EU	KO95KW
Falkland Islands	198	VP8	SA	GD19MA
Faroer Islands	52	OY	EU	IP72AA
Fernando de Noronha Island	285	PY0F	SA	HI47AA
Fiji Islands	99	3D2	OC	RH92AA
Finland	56	OH	EU	KP20MA
France	14	F	EU	JN16JT
Franz Josef Land	305	R1FJ	EU	LR60MA
French Guyana	22	FY	SA	GJ33KW
French Polynesia	201	FO	OC	BH53MA
Gabon	215	TR	AF	JJ40MA
Galapagos Islands	145	HC8	SA	EJ50AA
Georgia	306	4L	AS	LN21AA
Germany	13	DL	EU	JO51DC
Ghana	77	9G	AF	JJ05AA
Gibraltar	55	ZB	EU	IM76MA
Glorieuses Islands	208	FT/G	AF	LH39MA
Greece	18	SV	EU	KM09WD
Greenland	38	OX	NA	GP74NO
Grenada Island	195	J3	NA	FK92MA
Guadaloupe Islands	196	FG	NA	FK96MA
Guam Island	62	KH2	OC	QK23AA
Guantanamo Bay	82	KG4	NA	FK29MA
Guatemala	72	TG	NA	EK54AA
Guernsey Island & Dependences	169	GU	EU	IN99AA

Nombre	Div.	Ent.	Cont.	Locator
Guinea	182	3X	AF	IJ39MA
Guinea Bissau	293	J5	AF	IK21MA
Guyana	131	8R	SA	GJ16AA
Haiti	103	HH	NA	FK48AA
Hawaiian Islands	17	KH6	OC	BL10QV
Heard Island	229	VK0H	AF	MD67MA
Honduras	28	HR	SA	EK64PR
Hong Kong	60	VR	AS	OL72AA
Hungary	109	HA	EU	JN97MA
Iceland	27	TF	EU	IP04UU
India	57	VU	AS	NL02AA
Indonesia	91	YB	OC	OI34AA
Iran	154	EP	AS	LM55MA
Iraq	151	YI	AS	LM23AA
Ireland	29	EI	EU	IO63AC
Isle Of Man	137	GD	EU	IO84AA
Israel	97	4X	AS	KM71MA
Italy	1	I	EU	JN62IN
ITU Geneva	235	4U1I	EU	JN63AA
Ivory Coast	84	TU	AF	IJ85AA
Jamaica	23	6Y	NA	FK18HB
Jan Mayen Island	211	JX	EU	IQ61AA
Japan	25	JA	AS	PM85UP
Jarvis & Palmyra Islands	273	KH5	OC	AJ95AA
Jersey Island	167	GJ	EU	IN99AA
Johnston Island	262	KH3	OC	AK56MA
Jordan	111	JY	AS	KM72MA
Juan de Nova Island	209	FT/J	AF	LH01MA
Juan Fernandez Island	286	CE0Z	SA	FF17AA
Kaliningradsk	307	UA2	EU	KO05AA
Kazakh	308	UN	AS	MN83AA
Kenya	187	5Z	AF	KI89MA
Kerguelen Islands	255	FT/X	AF	ME41MA

Nombre	Div.	Ent.	Cont.	Locator
Kermadec Islands	263	ZL8	OC	AG10MA
Kingman Reef	264	KH5K	OC	AJ97AA
Kirghiz	309	EX	AS	MN72AA
Korea	100	HL	AS	PM37MA
Kure Island	267	KH7K	OC	AL18AA
Kuwait	102	9K	AS	LL39MA
Laccadive Islands	149	VU7	AS	
Laos	239	XW	AS	OK18AA
Latvia	310	YL	EU	KO27AA
Lebanon	112	OD	AS	KM73MA
Lesotho	142	7P	AF	KG31MA
Liberia	42	EL	AF	IJ56FK
Libya	92	5A	AS	JM62AA
Liechtenstein	40	HB0	EU	JN47SC
Lithuania	311	LY	EU	KO24MA
Lord Howe Islands	268	VK9L	OC	QF99MA
Luxembourg	54	LX	EU	JN39AA
Macao	240	XX9	AS	OL62MA
MacQuarie Islands	129	VK0M	AF	QD96AA
Madeira Island	119	CT3	AF	IM22AA
Makedonia	332	Z3	EU	KN01MA
Malagasy	188	5R	AF	
Malawi	226	7Q	AF	KH76AA
Maldive Islands	152	8Q	AS	MJ64MA
Mali	216	TZ	AF	IK62AA
Malpelo Island	287	HK0/M	SA	EJ94MA
Malta	93	9H	EU	JM76AA
Malyj Vytsotskj	326	R1M	EU	KP40AA
Marianas Islands	133	KH0	OC	QK25MA
Market Reef	213	OJ0	EU	JP90MA
Marquesas Islands	338	FO/M	OC	CI01MA
Marshall Islands	132	V7	OC	RJ39MA
Martinique Island	136	FM	NA	FK94MA

Nombre	Div.	Ent.	Cont.	Locator
Mauritania	66	5T	AF	IK28AA
Mauritius Islands	168	3B8	AF	LH80MA
Mayotte Island	189	FH	AF	LH27MA
Mellish Reef	269	VK9M	OC	QH73MA
Mexico	10	XE	NA	EK09LL
Micronesia States	230	V6	OC	QJ96AA
Midway Island	71	KH4	OC	AL18MA
Minami Torishima Islands	270	JD/M	OC	QL74AA
Moldavia	312	ER	EU	KN47AA
Monaco	107	3A	EU	JN33MA
Mongolia	95	JT	AS	ON37AA
Monserrat Islands	157	VP2M	NA	FK96AA
Montenegro	344	4O	EU	
Morocco	76	CN	AF	IM63MA
Mount Athos	254	SV/A	EU	KN20AA
Mozambique	204	C9	AF	KG64AA
Myanmar	237	XZ	AS	NK86AA
Namibia	74	V5	AF	JG88MA
Nauru	271	C2	OC	RJ30AA
Navassa Island	247	KP1	NA	FK28MA
Nepal	86	9N	AS	NL27MA
Netherlands	19	PA	EU	JO22UE
Netherlands Antilles	7	PJ1	SA	FK71QT
New Caledonia	172	FK	OC	RG38AA
New Zeland	41	ZL	OC	RE55KX
Nicaragua	126	YN	NA	EK72AA
Niger	245	5U	AF	JK13AA
Nigeria	89	5N	AF	JJ16MA
Niue Island	272	E6	OC	AH51MA
Norfolk Islands	130	VK9N	OC	RG41AA
North Korea	334	P5	AS	PM39AA
Northern Cook Islands	249	E5/N	OC	AI90MA
Northern Ireland	68	GI	EU	IO74MA

Nombre	Div.	Ent.	Cont.	Locator
Norway	20	LA	EU	JP40NI
Ogasawara Islands	281	JD/O	OC	QL07MA
Oman	180	A4	AS	LL93AA
Pagalu Island	244	3C0	AF	
Pakistan	114	AP	AS	ML34MA
Palestina	340	E4	AS	KM71MA
Panama	24	HP	NA	FJ09EA
Papua New Guinea	101	P2	OC	QI31MA
Paraguay	67	ZP	SA	GG15MA
Penguin Islands	324	ZS1	AF	
Peru	8	OA	SA	FI20LG
Peter Firts Island	294	3Y/P	SA	EC52AA
Philippine Islands	79	DU	OC	PK04MA
Picairn Island	274	VP6	OC	CG55AA
Poland	161	SP	EU	KO02MA
Portugal	31	CT	EU	IM59UM
Pratas Island	335	BV9P	AS	OL80AA
Prince Edward & Marion Islands	256	ZS8	AF	KE84MA
Puerto Rico	11	KP4	NA	FK68RE
Qatar	115	A7	AS	LL55MA
Republic of Belau	134	T8	OC	
Reunion Island	173	FR	AF	LG79MA
Revillagigedo Islands	252	XF4	NA	DK49MA
Rodriguez Islands	257	3B9	AF	MH11MA
Romania	233	YO	EU	KN34AA
Rotuma Island	325	3D2/R	OC	RH88MA
Rwanda	227	9X	AF	KI48AA
Sable Islands	277	CY0	NA	GN03AA
Saint Andres & Providencia	81	KH0/A	NA	EK92MA
Saint Barthelemy	346	FJ	OC	
Saint Felix & San Ambrosio	288	CE0X	SA	FG04AA

Nombre	Div.	Ent.	Cont.	Locator
Saint Helena Island	63	ZD7	NA	IH74MA
Saint Kitis & Nevis Islands	283	V4	NA	FK97AA
Saint Lucia Island	143	J6	NA	FK93MA
Saint Marteen Island	348	FS	NA	
Saint Marteen, Saba & St. E	166	FS	NA	FK87MA
Saint Martin Island	207	PJ7	NA	FK88MA
Saint Paul Islands	284	CY9	NA	GN07AA
Saint Peter & Saint Paul	231	PY0S	SA	HJ51MA
Saint Pierre & Miquelon	141	FP	NA	GN26AA
San Marino	36	T7	EU	JN63HX
Sao Tome & Principe Islands	246	S9	AF	JJ30AA
Sardinia	165	IS	EU	JM49MA
Saudi Arabia	48	HZ	AS	LL24OE
Scarborough Reef	336	BS7	OC	OK85MA
Scotland	108	GM	EU	IO85AA
Senegal	64	6W	AF	IK14MA
Seychelles Islands	190	S7	AF	LI76MA
Sierra Leone	65	9L	AF	IJ38MA
Singapore	98	9V	OC	OJ11MA
Slovak Republic	330	OM	EU	JN88MA
Slovenja	327	S5	EU	JN76AA
Solomon Islands	135	H4	OC	RI01AA
Somali Republic	159	T5	AF	LJ22MA
South Africa	44	ZS	AF	KG10QD
South Georgia Island	289	VP8/G	SA	HD26AA
South Orkney Islands	221	VP9/O	SA	GD70MA
South Sandwich Islands	222	VP8/S	SA	HD73AA
South Shetland Island	200	VP8/H	SA	GC18AA
South Sudan	351	ST	AF	
Southern Sudan	295	Z8	AF	KJ54MA
Southern Yemen	139	7O	AS	LK22MA
Spain	30	EA	EU	IN80EF

Nombre	Div.	Ent.	Cont.	Locator
Spratly Island	241	1S	OC	OJ58MA
Sri Lanka	177	4S	AS	MJ97MA
St. Eustatius and Saba Islands	349	PJ5	NA	
St. Vicent Islands	220	J8	NA	FK93MA
Sudan	160	ST	AF	KK65AA
Suriname	73	PZ	SA	GJ25MA
Survey Military Of Malta	318	1A	EU	JN61AA
Svalbard Islands	171	JW	EU	JQ88AA
Swains Islands	345	KH8/S	OC	
Swaziland	191	3DA	AF	KG54MA
Sweden	21	SM	EU	JP70NH
Switzerland	15	HB	EU	JN46LW
Syria	181	YK	AS	KM83AA
Tadzhik	313	EY	AS	MM39AA
Taiwan	155	BV	AS	PL05MA
Tanzania	83	5H	AF	KI93MA
Temotu	339	H40	OC	RI20MA
Thailand	153	HS	AS	OK03AA
The Bahamas	121	C6	NA	FL15MA
The Gambia	118	C5	AF	IK23AA
Togo	164	5V	AF	JJ06MA
Tokelau Islands	275	ZK3	OC	AI42AA
Tonga Islands	96	A3	OC	AG29MA
Trinidad & Tobago Islands	158	9Y	SA	FK90MA
Trinidade & Martin Vaz Islands	290	PY0T	SA	HH50MA
Tristan da Cunha & Gough	258	ZD9	AF	IF43AA
Tromelin Island	259	FT/T	AF	LH75AA
Tunisia	147	3V	AF	JM56AA
Turkey	116	TA	AS	KN60MA
Turkoman	314	EZ	AS	LM98AA
Turks & Caicos Islands	248	VP5	NA	FL41AA

Nombre	Div.	Ent.	Cont.	Locator
Tuvalu Islands	276	T2	OC	RI92MA
Uganda	174	5X	AF	KJ60AA
Ukraine	315	UR	EU	KO50AA
United Arab Emirates	94	A6	AS	LL74AA
United Nations New York	319	4U1U	NA	FN30AA
Uruguay	12	CX	SA	GF16WR
USA	2	K	NA	DN90WI
Uzbek	316	UK	AS	MN41AA
Vanuantu Islands	197	YJ	OC	RH43AA
Vatican City State	138	HV	EU	JN61AA
Venezuela	5	YV	SA	FJ77FQ
Vietnam	242	3W	AS	OK30AA
Virgin Islands	127	KP2	NA	FK88AA
Wake Islands	278	KH9	OC	RK39AA
Wales	163	GW	EU	IO81MA
Wallis & Futuna Islands	210	FW	OC	AH27AA
Walvis Bay	322	ZS9	AF	
West Malaysia	113	9M2	AS	OJ03MA
West Sahara- Rio de Oro	300	S0	AF	IL22MA
West Timor	341	4W	OC	PI22MA
Western Kiribati	224	T30	OC	RI69MA
Western Samoa Islands	223	5W	OC	AH47MA
White Russia	317	UA	EU	
Willis Islands	279	VK9W	OC	QH44MA
Yemen	87	7O	AS	LK22MA
Yemen	323	7O	AS	LK22MA
Yugoslavia	45		EU	
Zaire	162	9Q	AF	
Zambia	78	9J	AF	KH45AA
Zimbabwe	85	Z2	AF	KH53MA

Anexo B
Código Q

Cód.	Pregunta	Respuesta
QAB	Mi destino es...	Diríjase a .../ Está autorizado a dirigirse hacia ...
QAF	Pasaré por a las ... horas	¿A qué hora pasará por ...?
QAK	Existe peligro de colisión	
QAM	¿Cuál es la última observación meteorológica disponible para...(zona)?	La última observación meteorológica disponible para... (zona) es...
QAN	¿Qué velocidad y dirección del viento de superficie existe en... (zona)?	La velocidad y dirección del viento de superficie es...
QAP	¿Puede permanecer en escucha con la estación abierta?	Puedo permanecer en escucha.
QBA	¿Cuál es la visibilidad horizontal?	La visibilidad horizontal es... millas náuticas?
QDM	¿Puede indicarme el rumbo magnético que debo seguir para alcanzarlo?	El rumbo magnético que debe seguir es... grados?
QDR	¿Cuál es mi marcación magnética respecto a su posición?	Su marcación magnética respecto a mi posición es... grados.
QOC	¿Puede comunicar por radiotelefonía (Canal 16)?	Puedo comunicar por radiotelefonía.
QOD	¿Puede comunicarse conmigo en:	Puedo comunicar con usted en...
	0 Holandés	
	1 Inglés	
	2 Francés	
	3 Alemán	
	4 Griego	
	5 Italiano	
	6 Japonés	
	7 Noruego	

8 Ruso

9 Español?

QOE	¿Ha recibido la señal de seguridad transmitida por (… nombre o distintivo de llamada).	He recibido la señal de seguridad de…
QOM	¿En qué frecuencias puede recibir su barco una llamada?	Mi barco puede recibir una llamada selectiva en la(s) siguiente(s) frecuencia(s)…
QOT	¿Me oye? ¿Cuál es aproximadamente la espera, en minutos, para poder intercambiar tráfico.	Le oigo, la demora aproximada es de… minutos.
QRA	¿Cómo se llama su barco (o estación)?	Mi barco (o estación) se llama…
QRB	¿A qué distancia aproximada está de mi estación?	La distancia aproximada entre nuestras estaciones es de… millas marinas.
QRD	¿A dónde se dirige y de dónde viene?	Voy a… vengo de…
QRE	¿A qué hora piensa llegar a…	Pienso llegar a… a las… horas.
QRK	¿Cuál es la inteligibilidad de mi transmisión?:	La inteligibilidad de su transmisión es…
		1 Mala
		2 Escasa
		3 Pasable
		4 Buena
		5 Excelente.
QRL	¿Está usted ocupado?	Estoy ocupado, le ruego no perturbe.
QRM	¿Está interferida mi transmisión?	La interferencia de su transmisión es:
		1 Nula

		2 Ligera
		3 Moderada
		4 Considerable
		5 Extremada
QRN	¿Le perturban los atmosféricos?	Me perturban los atmosféricos:
		1 Nada
		2 Ligeramente
		3 Moderadamente
		4 Considerablemente
		5 Extremadamente
QRO	¿Debo aumentar la potencia de mi transmisión?	Aumente la potencia
QRP	¿Debo disminuir la potencia de mi transmisión?	Disminuya la potencia.
QRT	¿Debo cesar de transmitir?	Cese de transmitir.
QRU	¿Tiene algo para mí?	No tengo nada para usted.
QRX	¿Cuándo volverá a llamarme?	Lo volveré a llamar a las… horas en… (frecuencia o Canal).
QRY	¿Qué turno tengo? (en relación a las radiocomunicaciones)	Su turno es el número…
QRZ	¿Quién me llama?	Lo llama …
QSA	¿Cuál es la intensidad de mis señales?	La intensidad de sus señales (nombre o distintivo) es:
		1 Apenas perceptible
		2 Débil
		3 Bastante buena
		4 Buena
		5 Muy buena.

QSD	¿Están mis señales mutiladas?	Sus señales están mutiladas.
QSF	¿Ha efectuado usted el salvamento?	He efectuado el salvamento y me dirijo a la base de…
QSL	¿Puede acusarme recibo?	Le acuso recibo.
QSP	¿Quiere retransmitir gratuitamente a (…nombre y/o distintivo)?	Retransmitiré gratuitamente a (…nombre y/o distintivo)?
QSR	¿Tengo que repetir la llamada en la frecuencia de llamada?	Repita la llamada en la frecuencia de llamada; no le oí (o hay interferencia).
QSS	¿Qué frecuencia de trabajo utilizará usted?	Utilizaré la frecuencia de trabajo de … (Canal).
QTE	¿Cuál es mi marcación verdadera con relación a usted (a …)?	Su marcación verdadera con relación a mí es de … grados a … horas.
QTF	¿Quiere indicarme mi situación con arreglo a las marcaciones tomadas por las estaciones radiogoniométricas que usted controla?	Su situación basada en las marcaciones radiogoniométricas, es… latitud, …longitud (o cualquier otra indicación de posición), clase… a … horas.
QTH	¿Cuál es su situación en latitud y longitud (o según cualquier otra indicación).	Mi situación es … latitud, …longitud (o cualquier otra indicación).
QTI	¿Cuál es su rumbo verdadero con corrección de la deriva?	Mi rumbo verdadero, con corrección de la deriva, es … grados.
QTJ	¿Cuál es su velocidad?	Mi velocidad es de …nudos.
QTL	¿Cuál es su rumbo verdadero?	Mi rumbo verdadero es… grados.
QTM	¿Cuál es su rumbo magnético?	Mi rumbo magnético es … grados.
QTN	¿A qué hora salió de …(lugar)?.	Salí de … (lugar) a las … horas.
QTO	¿Ha salido de bahía (o puerto)?	He salido de bahía (o puerto).

QTP	¿Va a entrar en bahía (o puerto)?	Voy a entrar en bahía (o puerto).
QTR	¿Qué hora es, exactamente?	La hora exacta es…
QTS	¿Quiere transmitir su nombre o distintivo de llamada o los dos durante … segundos?	Voy a transmitir mi nombre y/o distintivo de llamada durante … segundos.
QTX	¿Quiere usted mantener su estación dispuesta para comunicar conmigo de nuevo hasta que yo le avise (o hasta … horas)?	Mi estación permanecerá dispuesta para comunicar con usted hasta que me avise (o hasta …horas).
QUA	¿Tiene noticias de … (nombre o distintivo de llamada o los dos)?	Le envío noticias de… (nombre y/o distintivo de llamada).
QUB	¿Puede darme en el siguiente orden datos acerca de la dirección verdadera en grados y la velocidad del viento en la superficie, visibilidad, condiciones meteorológicas actuales?	He aquí los datos solicitados (deben indicarse las unidades empleadas para velocidades y distancias).
QUH	¿Puede indicarme la presión barométrica a nivel del mar?	La presión barométrica actual a nivel del mar es de … (unidades).
QUN	1. Cuando se dirija a todas las estaciones: Ruego a los barcos que se encuentren en mis inmediaciones que indiquen su situación, rumbo verdadero y velocidad. 2. Cuando se dirija a una sola estación: Ruego indique su situación, rumbo verdadero y velocidad.	

192

QUP	¿Quiere indicar su posición mediante:	Mi situación se indica mediante…
	1 Reflector 2 Humo negro 3 Señales pirotécnicas?	
QUX	¿Tiene algún aviso a los navegantes o aviso de tempestad en vigor?	Tengo el (los) siguiente(s) aviso(s) a los navegantes o aviso de tempestad…

Anexo C

Ejemplos de Libro de Guardia

Libro de Guardia de   Página

QRZ	Fecha	UTC	Banda	Modo	RST	QSL E.	QSL R.	Comentarios

Libro de Escuha de   Página

QRZ 1	QRZ 2	Fecha	UTC	Banda	Modo	SINPO	QSL E.	QSL R.	Comentarios

Anexo D

Diagrama Esquemático del Transceptor Pixie

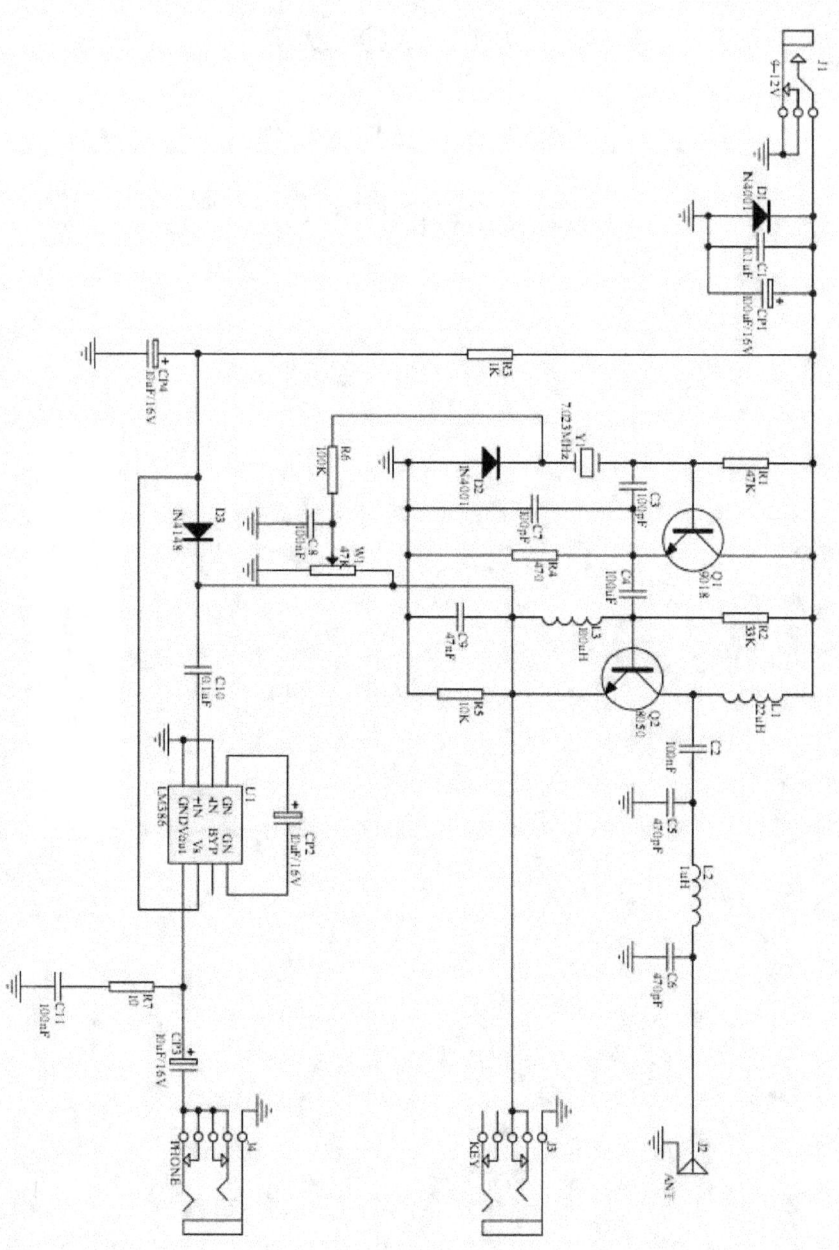

200

Índice de Contenidos

www.ingramcontent.com/pod-product-compliance
Lightning Source LLC
Chambersburg PA
CBHW052314220526
45472CB00001B/112